WISSENSCHAFTLICHE GRUND-LAGEN DER LICHTERZEUGUNG

VON

DR. ALFRED R. MEYER

———

SONDERABDRUCK

AUS BLOCH, LICHTTECHNIK

VERLAG R. OLDENBOURG, MÜNCHEN-BERLIN

Erster Abschnitt.

Wissenschaftliche Grundlagen der Lichterzeugung.[1]

Von Dr. Alfred R. Meyer.

Zwei große Aufgaben umgrenzen im wesentlichen das Arbeitsgebiet der wissenschaftlichen Beleuchtungskunde. Die eine heißt, Beleuchtungen erzeugen und bewerten, die zweite, Lichtquellen ersinnen und durch ihre Eigenschaften kennzeichnen.

Beiden Aufgaben gemeinsam ist ein beschreibender Anteil, der die Einführung von Größen und Einheiten bedingt, durch die eine eindeutige Bestimmung von Beleuchtungen bzw. Bewertung von Lichtquellen möglich ist.

§ 1. Die Grundgrößen für die Lichtmessung.

Für die Besprechung der verschiedenen in Frage kommenden Größen gehen wir davon aus, daß die Lichtstrahlen Energiestrahlen sind, ohne daß wir zunächst darauf eingehen, welcher Art diese Energiestrahlen sind, und durch welche Beziehungen die Lichtempfindung mit ihnen verknüpft ist. Auch wollen wir bei unseren Überlegungen voraussetzen, daß die die Lichtempfindung auslösenden Energiestrahlen von einer punktförmigen Lichtquelle ausgehen.

Die Lichtmenge. Dann können wir aussagen, daß von einer solchen punktförmigen Lichtquelle in einem bestimmten Zeitraum eine gewisse Lichtmenge ausgeht, und daß diese Lichtmenge die Dimensionen einer Arbeitsgröße hat, daß sie also das Produkt aus einer Leistungsgröße und der Zeit darstellt.

Der Lichtstrom. Die Erfahrung lehrt, daß die durch einen Lichtstrahl geweckte Lichtempfindung ihrem Grade nach nicht mit der Einwirkungsdauer des Lichtstrahles anwächst, und daß mit dem Ausbleiben des Lichtstrahles auch die Lichtempfindung verschwindet, eine Aufspeicherung von Licht also nicht stattfindet. Wir schließen daraus, daß nicht die Lichtmenge die für die Lichtempfindung maßgebende Größe ist, daß vielmehr die Lichtleistung, die Lichtmenge in der Zeiteinheit, die charakteristische Größe darstellt.

---

[1] Sofern nichts anderes angegeben ist, bedeutet bei Literatur-Hinweisen die erste Zahl die Bandnummer, die zweite Zahl die Seite und die dritte Zahl den Jahrgang.

Haben wir es mit einer gleichmäßig erfolgenden Lichtausstrahlung zu tun, so ist die Lichtleistung konstant. Bezeichnen wir die Lichtleistung mit Φ, die Lichtmenge mit Q und die Zeit mit t, so ist

$$\text{Lichtleistung} = \frac{\text{Lichtmenge}}{\text{Zeit}}$$

oder

$$\Phi = \frac{Q}{t}.$$

Die Lichtleistung wird gewöhnlich Lichtstrom[1]) genannt.

Die Einheit des Lichtstromes ist das Lumen (Abkürzung Lm); die Einheit der Lichtmenge ist die Lumenstunde. Den vorher erörterten Zusammenhängen entsprechend läßt sich das Lumen auch im elektrischen Leistungsmaß, dem Watt bzw. Kilowatt, ausdrücken, während der Lichtmenge die Watt- bzw. Kilowattstunde entspricht.

Die Lichtstärke. Erfüllt die von der punktförmigen Lichtquelle ausgehende Lichtstrahlung den Raum nach allen Richtungen hin gleichmäßig, so ist es nicht erforderlich, Angaben über die Lichtstromdichte im Raume zu machen, da diese nach allen Richtungen hin konstant ist, und da der Vergleich mit anderen ähnlichen Lichtquellen ohne weiteres durch den Wert des jeweiligen Lichtstromes gegeben ist.

Geht indessen in die verschiedenen Richtungen des Raumes ein verschieden großer Lichtstrom, so wird nicht nur für die Beurteilung der einzelnen Lichtquelle an sich, sondern vor allem auch für den Vergleich mit anderen Lichtquellen die Kennzeichnung der Lichtquelle durch die in den verschiedenen Richtungen vorhandene Lichtstromdichte notwendig. Diese Kennzeichnung gibt ein klares Bild von der Verteilung des Lichtes nach den verschiedenen Abstrahlungswinkeln hin. Die Lichtstromdichte wird gewöhnlich als Lichtstärke oder Lichtintensität bezeichnet. Ihre Einheit ist in Deutschland die Hefnerkerze (Abkürzung HK).

Der Zusammenhang zwischen Lichtstrom und Lichtstärke ist durch die Beziehung gegeben:

$$\text{Lichtstärke} = \frac{\text{Lichtstrom}}{\text{Raumwinkel}}$$

$$J = \frac{\Phi}{\omega}.$$

Daher wird

$$\Phi = J\,\omega,$$

[1]) Der Lichtstrom hat nichts mit dem »Lichtstrom« zu tun, mit dem man in elektrischen Anlagen den für Beleuchtungszwecke verwandten elektrischen Strom im Gegensatz zum »Kraftstrom« bezeichnet.

für eine Lichtquelle also, deren Lichtstromdichte nach allen Richtungen des Raumes hin konstant ist,

$$\Phi = J \cdot 4\,\pi,$$

da der volle Raumwinkel den Wert $4\,\pi$ hat.

Der Raumwinkel ω ist, wie die letzte Gleichung erkennen läßt, eine reine Zahl, da er jeweils durch das Verhältnis der Oberfläche des in Frage kommenden Ausschnittes einer um die Lichtquelle gelegten Kugel zum Quadrate des Kugelradius gemessen wird.

Lichtverteilungskurven. Die in der Praxis benutzten künstlichen Lichtquellen sind von dem zuerst erwähnten Idealfall der gleichmäßigen Ausstrahlung des Lichtes nach allen Richtungen des Raumes hin durchweg weit entfernt, so daß es notwendig ist, ihre Eigenschaften sowohl durch den von ihnen ausgehenden Lichtstrom wie durch die Verteilung dieses Lichtstromes auf die verschiedenen Richtungen des Raumes zu kennzeichnen. Dieser Kennzeichnung dienen die sog. Lichtverteilungskurven, die für eine oder mehrere durch die Lichtquelle gelegte Vertikalebenen die Lichtstärke in den verschiedenen Richtungen wiedergeben.

Ist die Lichtquelle nach allen Richtungen hin axialsymmetrisch, so genügt eine solche Kurve, ist sie es nicht, so sind mehrere, eventuell sehr viele Lichtverteilungskurven zur vollständigen Analyse der Lichtquelle nötig. Für die meisten in der Praxis verwandten Lichtquellen kann man sich auf die Angabe einer solchen Kurve beschränken.

Mittlere Lichtstärken. Die Benutzung derartiger Lichtverteilungskurven, die insbesondere für beleuchtungstechnische Überlegungen ihre Bedeutung haben, ist unbequem, wenn es sich um die ständige Bewertung der gleichen Lampenart handelt, und unnötig, wenn die Unterschiede in den Kurven der zu vergleichenden Lampen nur gering sind. Man wird in diesem Falle versuchen, die Lichtquelle durch Angabe einer besonders charakteristischen Einzellichtstärke zu kennzeichnen, und hat von diesem Verfahren in der Technik der künstlichen Lichtquellen den umfangreichsten Gebrauch gemacht.

So hat sich beispielsweise in der Glühlampentechnik und in der Technik des Gasglühlichtes zunächst der Brauch entwickelt, nur die Lichtstärke in der Horizontalrichtung anzugeben und die Lichtquellen unter Benutzung der mittleren horizontalen Lichtstärke zu bewerten. Die Berechtigung dieser Methode ist dadurch gegeben, daß die genannten Lichtquellen ein ausgeprägtes Lichtstärkenmaximum in der Horizontalrichtung haben, und daß der Umrechnungsfaktor, mit dessen Hilfe sich aus der mittleren horizontalen Lichtstärke der gesamte Lichtstrom der Lichtquelle ergibt, von Lichtquelle zu Lichtquelle nur sehr wenig schwankt.

Dieses Verfahren hat jahrzehntelang, ohne Anlaß zu Einwendungen zu geben, zur Bewertung der gebräuchlichsten Lichtquellen gedient, und es hat sich mit voller Berechtigung behaupten können, als sich vor etwa 15 Jahren in der Elektrotechnik der Übergang von den Kohlefadenlampen zu den Metallfadenlampen vollzog. Die Verhältnisse lagen eben so, daß die beiden Lampenarten trotz einer im einzelnen verschiedenen Lichtverteilungskurve ohne großen Fehler auch hinsichtlich des von ihnen ausgehenden Lichtstromes durch die mittlere horizontale Lichtstärke gekennzeichnet werden konnten.

In diesen Vorbedingungen trat eine beträchtliche Wandlung ein, als 1913 elektrische Glühlampen mit ganz geänderten Lichtverteilungskurven in den Handel kamen, bei denen das Lichtstärkenmaximum in der Richtung der Achse der Lampen lag, und bei denen auch der vorher erwähnte Umrechnungsfaktor, auf diesen Höchstwert bezogen, gänzlich abweichende Werte hatte. Man half sich zunächst, indem man die axiale Lichtstärke als maßgebende Größe einführte, mußte aber schließlich den folgerichtigen Schritt tun, die Lampen nach ihrer mittleren sphärischen Lichtstärke zu bewerten.

Die mittlere sphärische Lichtstärke ($J_\ominus$) ist diejenige Lichtstärke, die sich ergibt, wenn der ganze von der Lichtquelle ausgehende Lichtstrom gleichmäßig auf die verschiedenen Richtungen des Raumes verteilt wird. Zu ihrer Berechnung ist also die Lichtverteilungskurve der Lampe nach geeigneten Verfahren in einen lichtstromgleichen Kreis um den Anfangspunkt zu verwandeln und der in Lichtstärkeneinheiten ausgedrückte Radius dieses Kreises anzugeben.

Der mittleren sphärischen Lichtstärke entsprechen bei der Halbierung des ganzen Raumes durch eine Horizontalebene die mittlere obere hemisphärische (J_o) und die mittlere untere hemisphärische Lichtstärke (J_u). Sie geben in entsprechender Weise an, durch welche mittlere Lichtstärke der in den oberen bzw. unteren Halbraum gehende Lichtstrom gekennzeichnet werden kann. Beide Größen haben für die Bewertung der Bogenlampen eine wichtige Rolle gespielt und sind auch jetzt in weitestem Maße in Benutzung, um für Außen- und Innenbeleuchtungen die Geeignetheit einer Lichtquelle zu verdeutlichen.

Aus der in Hefnerkerzen bekannten mittleren sphärischen Lichtstärke ergibt sich der Lichtstrom in Lumen in einfacher Weise, indem man die mittlere sphärische Lichtstärke mit 4π, der Oberfläche einer Kugel vom Halbmesser 1, multipliziert, wie dies weiter oben für eine Lichtquelle von nach allen Seiten gleichmäßiger Verteilung des Lichtstromes angegeben wurde. Überhaupt liegt nur darin die Bedeutung des Begriffs der mittleren sphärischen Lichtstärke, daß sie in verschleierter Form den Lichtstrom verdeutlicht, und daß sich der Übergang von der sphärischen Lichtstärke zu der in einer bestimmten Richtung gemessenen Lichtstärke infolge der an sich inkonsequenten Zählung nach Lichtstärkeneinheiten und nicht nach Lumen sehr einfach gestaltet. Aus der hemisphärischen Lichtstärke erhält man den Lichtstrom in Lumen entsprechend durch Multiplikation mit 2π, der Oberfläche einer Halbkugel vom Halbmesser 1.

Beziehung zwischen Lichtstrom und Lichtverteilung. Für die Wertung einer Lichtquelle ist, wie wir sahen, neben der Lichtverteilung der von ihr ausgehende Lichtstrom wichtig. Es ergibt sich daraus die Aufgabe, diesen Lichtstrom möglichst einfach aus der Lichtverteilungskurve abzulesen. Diese Ablesung des Lichtstromes ist nicht ohne weiteres möglich, da weder der Flächeninhalt der von der Lichtverteilungskurve umschlossenen Fläche noch der Inhalt des durch Rotation der Kurve um die Lampenachse entstehenden photometrischen Körpers, noch auch die Oberfläche dieses Körpers dem Lichtstrom proportional ist. Vielmehr ist zu bedenken, daß dem gleichen Flächenwinkel sehr verschiedene räumliche Winkel entsprechen, je nachdem der Flächenwinkel in der Nähe der Rotationsachse oder ihres Äquators liegt.

Die für die Lösung der so gegebenen Aufgabe in Frage kommenden Verfahren sind im zweiten Abschnitt behandelt. An dieser Stelle genüge es, auf die erheblichen, unter Umständen gewaltigen Unterschiede hinzuweisen, die zwischen zwei Lichtverteilungskurven gleichen Lichtstromes vorhanden sein können. Besonders groß wird dieser Unterschied, wenn in der Richtung der Achse große Lichtintensitäten vorhanden sind, wie dies beispielsweise im Scheinwerferstrahl der Fall ist, und wenn trotzdem die zugehörige, von der Scheinwerferwirkung freie Lichtquelle nur geringe Intensitäten aufweist, weil der räumliche Winkel, in dem die hohe Intensität des Scheinwerferstrahles auftritt, sehr klein ist.

Ein anschauliches Beispiel, in dem im übrigen durchaus keine extremen Verhältnisse, wie sie in dem vorher erwähnten Scheinwerferstrahl vorliegen, wiedergegeben sind, zeigt Abb. 1 (nach Halbertsma, Fabrikbeleuchtung, München und Berlin 1918), welche die dem Lichtstrom nach gleichen Lichtverteilungskurven für eine nach allen Richtungen gleichmäßig strahlende Kugel, einen sehr dünnen, in der Richtung der Achse nichtstrahlenden Zylinder, eine leuchtende Halbkugel und eine nach einer Seite strahlende Fläche darstellt. Der der leuchtenden Kugel entsprechende Kreis gibt gleichzeitig die mittlere sphärische Lichtstärke aller vier verschiedenen Strahler an.

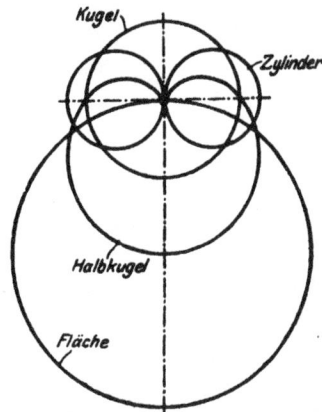

Abb. 1. Lichtverteilungskurven bei vier verschiedenen einfachen Lichtquellen gleichen Lichtstroms.

Die gleiche Frage von einem etwas geänderten Gesichtspunkt aus behandelt die Tabelle 1 (Seite 50), indem sie für die eben erwähnten

Strahler durch einige andere ergänzt, tabellarische Angaben über den Lichtstrom, die mittlere sphärische, die mittlere untere hemisphärische und die mittlere obere hemisphärische Lichtstärke enthält.

Den Verhältnissen der Praxis trägt die Tabelle 2 (Seite 52) Rechnung, indem sie nach L. Bloch für eine große Reihe von praktisch benutzten künstlichen Lichtquellen die horizontale und die mittlere untere hemisphärische Lichtstärke, bezogen auf die gleich 100 gesetzte mittlere sphärische Lichtstärke wiedergibt. Dieselben Zahlen bringt die Abb. 2 zur

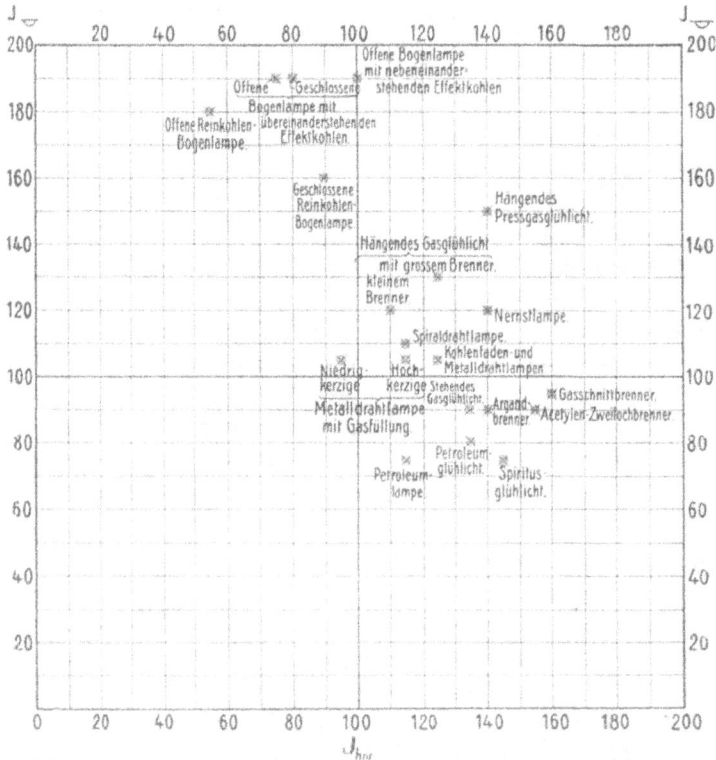

Abb. 2. Zusammenhang zwischen $J_\cup$ und J_{hor} für verschiedene künstliche Lichtquellen ($J_\ominus = 100$).

Anschauung, in der für die verschiedenen Lichtquellen die hemisphärischen Lichtstärken als Ordinaten über den Horizontalwerten als Abszisse aufgetragen sind.

An die Stelle der unteren hemisphärischen Lichtstärke ($J_\cup$) kann auch der Prozentsatz des nach unten gehenden Lichtes u treten. Für ihn besteht die Beziehung:

$$u = \frac{\Phi_\cup}{\Phi_\ominus} \cdot 100 = \frac{J_\cup}{2 \cdot J_\ominus} \cdot 100.$$

Die hierfür geltenden Werte sind gleichfalls in Tabelle 2 angegeben.

Die Beleuchtung. Fällt ein Lichtstrom auf einen Gegenstand, so wird dieser beleuchtet. Die Beleuchtung wächst mit dem auffallenden Lichtstrom; sie nimmt ab, wenn der gleiche Lichtstrom zur Beleuchtung einer größeren Fläche dient. Bezeichnen wir die Beleuchtung mit E, die Fläche mit F, so erhalten wir für den Lichtstrom, der die Fläche F beleuchtet,

$$\Phi = E \cdot F$$

oder für die Beleuchtung

$$E = \frac{\Phi}{F}, \text{ d. h.}$$

$$\text{Beleuchtung} = \frac{\text{Lichtstrom}}{\text{Fläche}}.$$

In der Beleuchtung kann man danach ebenso die Flächendichte des Lichtstromes sehen, wie wir vorher die Lichtstärke als auf den Raumwinkel bezogene Lichtstromdichte bezeichneten.

Wird $F = 1$, so ergibt sich $E = \Phi$, in Worten: die Beleuchtung ist gleich dem Lichtstrom, der auf die Flächeneinheit auffällt. F wird in m² gemessen, so daß wir die Beleuchtung 1 erhalten, wenn ein Lichtstrom von 1 Lumen eine Fläche von 1 m² gleichmäßig beleuchtet. Die dadurch gegebene Einheit der Beleuchtung ist das Lux (Abkürzung Lx).

Ist die Beleuchtung gleichmäßig, wie es im allgemeinen bei Tageslicht im Freien der Fall ist, so genügt eine einzige Zahl, um die Beleuchtung zu kennzeichnen. Ist sie dagegen ungleichmäßig, wie es die künstliche Beleuchtung mit sich bringt, so muß die hinsichtlich ihrer Beleuchtung zu kennzeichnende Fläche F in eine große Zahl n gleicher, kleiner Flächenteile f zerlegt werden, so daß $F = n \cdot f$ ist.

Für jeden dieser Teile ergibt sich die Beleuchtung

$$E_n = \frac{\Phi_n}{f},$$

so daß die mittlere Beleuchtung

$$E_m = \frac{E_1 + E_2 + \cdots + E_n}{n} = \frac{1}{n} \sum_1^n E_n$$

$$= \frac{1}{n} \sum_1^n \frac{\Phi_n}{f} = \frac{1}{nf} \sum_1^n \Phi_n = \frac{1}{F} \sum_1^n \Phi_n = \frac{\Phi}{F}$$

ist.

Mit anderen Worten gilt also im Falle der ungleichmäßigen Beleuchtung die gleiche Gesetzmäßigkeit wie im Falle der gleichmäßigen Beleuchtung, so daß man ganz allgemein in der Lage ist, aus dem auffallenden Lichtstrom und der Größe der davon getroffenen Fläche nach der Regel

$$E_m = \frac{\Phi}{F}$$

die Beleuchtung auf der Fläche zu bestimmen. Es ist wichtig, zu erwähnen, daß diese Gleichung ganz allgemein gilt, ohne daß Einschränkungen für die Richtung des auffallenden Lichtstromes oder die Gestalt der Lichtquelle (Punktförmigkeit) zu machen wären.

Der auffallende Lichtstrom ist mitunter bei Beleuchtungsberechnungen nicht als solcher bekannt, sondern nur durch die Lichtstärke J gegeben, die die in Frage kommende Lichtquelle in der Richtung der zu beleuchtenden Fläche F aufweist. In diesem Falle leuchtet es ein, daß die Beleuchtung mit dem Quadrate des Abstandes r der Fläche von der Lichtquelle abnehmen muß, da der Lichtstrom auf konzentrischen um die Lichtquelle gelegten Kugeln Flächen durchstößt, die mit dem Quadrate des Abstandes vom Mittelpunkte anwachsen. Steht deshalb die Fläche senkrecht zur Richtung des Strahles, so ist die Beleuchtung

$$E = \frac{J}{r^2}.$$

Bildet die Normale der Fläche dagegen mit der Einfallsrichtung des Strahles den Winkel a, so gilt entsprechend

$$E = \frac{J}{r^2} \cdot \cos a.$$

Diese Formel muß naturgemäß mit der vorher gegebenen

$$E = \frac{\Phi}{F}$$

übereinstimmen, aus der sie sich dementsprechend ohne Schwierigkeiten herleiten läßt. Zunächst ist nach den vorangegangenen Definitionen

$$\Phi = J \cdot \omega$$

und ω, der räumliche Winkel, gegeben durch das Verhältnis der von einem Strahlenkegel auf einer umschließenden, konzentrischen Kugel durchstoßenen Fläche zum Quadrat des Kugelradius. Die durchstoßene Fläche F' muß in der Kugeloberfläche, also senkrecht zum Strahlengang liegen, so daß die beliebig gelegene Fläche F mit dem Cosinus des Winkels a zu multiplizieren ist. Daher wird

$$\omega = \frac{F'}{r^2} = \frac{F \cos a}{r^2}$$

und

$$\Phi = \frac{J \cdot F \cdot \cos a}{r^2}$$

oder

$$E = \frac{\Phi}{F} = \frac{J}{r^2} \cos a.$$

Es ist eine unmittelbare Folgerung aus dieser Formel, daß die Lichtstärke 1 in der Entfernung 1 auf einer senkrecht zur Strahlrichtung angeordneten Fläche die Einheit der Beleuchtung erzeugt.

Bei der Ermittlung von Beleuchtungsstärken in der Praxis hat man zu beachten, daß der von einer Lichtquelle ausgehende Lichtstrom eine Fläche senkrecht (normal) treffen kann, wodurch sich ein Höchstwert der Beleuchtung ergibt, daß aber auch andere Einfallrichtungen möglich sind. Man kennzeichnet die Beleuchtung in einem Punkte deswegen durch zwei zueinander senkrechte Beleuchtungskomponenten, die Boden- oder Horizontalbeleuchtung und die Wand- oder Vertikalbeleuchtung.

Die praktisch vorkommenden Beleuchtungsstärken sind außerordentlich verschieden. Je nach der Tages- und Jahreszeit werden bei

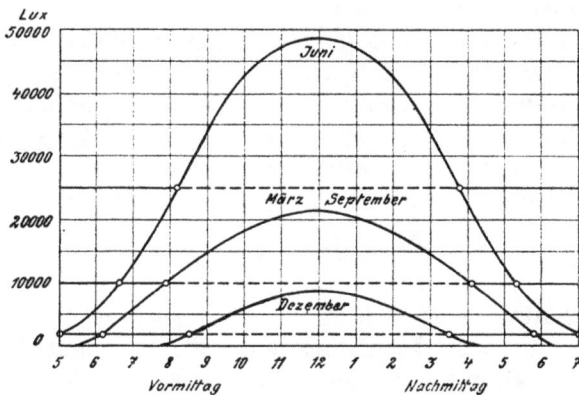

Abb. 3. Durchschnittliche Beleuchtungsstärke im Freien bei natürlicher Beleuchtung zu verschiedenen Jahreszeiten.

Tageslicht sehr hohe Beleuchtungsstärken (bis 50000 Lux) erzielt, während bei künstlicher Beleuchtung sehr niedrige, oft durchaus unzureichende Beleuchtungen vorkommen. Einen Überblick über die bei Tageslicht vorkommenden Schwankungen gibt die Abb. 3, in der der Verlauf der durchschnittlichen Stärke der natürlichen Beleuchtung für je einen Tag im Dezember, im März bzw. September und im Juli wiedergegeben ist.

Die Beleuchtung der Innenräume ist eng mit der Außenbeleuchtung verknüpft, da ein Arbeitsplatz in einer Werkstatt o. dgl. stets nur einen bestimmten Anteil der natürlichen Beleuchtung empfängt. Nach L. Weber nennt man das Verhältnis zwischen der Beleuchtungsstärke an einer Stelle innerhalb eines Raumes zu dem Werte, der gleichzeitig im Freien erzielt wird, den Tageslicht-Quotienten. Er schwankt naturgemäß für die verschiedenen Stellen des gleichen Raumes und liegt im Durchschnitt zwischen 10 und 0,1%.

Die punktierten Linien der Abb. 3 verdeutlichen eine Anwendung dieses Quotienten, indem sie durch ihre Schnittpunkte mit den Kurven der natürlichen Beleuchtung erkennen lassen, wann die künstliche Beleuchtung bei verschiedenen Tageslichtquotienten (T.-Q.) in Wirksamkeit treten muß, um einem Arbeitsplatz die als notwendig angenommene Beleuchtung von 100 Lux zuzuführen.

Die Flächenhelle. Wir gehen von einer kleinen leuchtenden Fläche (Kreisscheibe) aus und lassen es dahingestellt, ob diese Fläche selbst leuchtet oder ob ihr Leuchten auf die zerstreute Reflexion auffallenden Lichtes bzw. die zerstreute Ausstrahlung hindurchgehenden Lichtes zurückzuführen ist. In allen Fällen ergibt sich für die ideale leuchtende Fläche ein sie berührender Kreis als Lichtverteilungskurve, wie dies Abb. 1 (S. 5) sowie Abb. 4 veranschaulichen.

Aus dieser Lichtverteilungskurve geht hervor, daß die Lichtstärke J_α mit dem Cosinus des Winkels α zwischen der Normalen der Fläche und der Ausstrahlungsrichtung abnimmt. Sie befolgt damit die gleiche Gesetzmäßigkeit, der die Projektion f_α der in der Richtung α gesehenen Fläche f gehorcht, so daß das Verhältnis der Lichtstärke zur gesehenen Größe der leuchtenden Fläche konstant ist. Es ist also

$$\frac{J_\alpha}{f_\alpha} = \frac{J_{max}}{f} = e.$$

Dieses Verhältnis wird Flächenhelle genannt, worunter man demnach das Verhältnis der Lichtstärke einer Fläche in einer bestimmten Richtung zur Projektion der Fläche auf eine Ebene senkrecht zu dieser Richtung, d. h. zur gesehenen oder scheinbaren Größe der Fläche, zu verstehen hat. Daneben ist dafür die Benennung Glanz gebräuchlich, die hauptsächlich bei hohen Werten der Flächenhelle angewendet wird. Neuerdings hat Teichmüller dafür die Bezeichnung Leuchtvermögen vorgeschlagen. Die Fläche f wird in cm² gemessen, so daß das Grundmaß der Flächenhelle die Hefnerkerze für 1 cm² ist.

Die Unabhängigkeit der Flächenhelle der idealen Fläche von der Beobachtungsrichtung wurde zuerst von Lambert festgestellt. Das darin enthaltene Lambertsche Gesetz hat sich durch seine weitgehende Anwendbarkeit auf beleuchtungstechnische Berechnungen als eine der wichtigsten Grundlagen der Beleuchtungstechnik erwiesen.

Läßt man an die Stelle der Lichtstärke den Lichtstrom treten, so kommt man dazu, die Flächenhelle in HK/cm² durch die spezifische Lichtausstrahlung in Lm/cm² zu ersetzen. Sie ergibt sich durch Division des gesamten von einer Fläche oder einem Körper ausgehenden Lichtstromes durch die gesamte Oberfläche der in Frage kommenden

Lichtquelle. Für eine nach dem Lambertschen Gesetz strahlende Fläche wird die spezifische Lichtausstrahlung aus der in HK/cm² gemessenen Flächenhelle durch Multiplikation mit π erhalten.

In Anlehnung an den Begriff der spezifischen Lichtausstrahlung hat die Amerikanische Beleuchtungstechnische Gesellschaft vorgeschlagen, als neue Einheit das Lambert einzuführen und darunter die Flächenhelle einer nach dem Lambertschen Cosinus-Gesetz in eigenem oder erborgtem Licht strahlenden Fläche zu verstehen, die 1 Lumen/cm² strahlt oder reflektiert. Die Flächenhelle von 1 Lambert würde sich also beispielsweise ergeben, wenn man eine nach dem Cosinus-Gesetz strahlende, wie man sagt, vollkommen streuende (diffuse) Fläche vom Reflexionsvermögen 1 mit 1 Lm/cm² = 10000 Lm/m² = 10000 Lux beleuchtet. In diesem Falle der vollkommenen Streuung würde die spezifische Lichtausstrahlung in Lm/cm² denselben Wert wie die Flächenhelle in Lambert besitzen.

Nehmen wir dagegen eine unvollkommen streuende Fläche an, so ist diese Übereinstimmung nicht mehr vorhanden. In diesem Falle weicht nämlich die die Art der Streuung verdeutlichende Lichtverteilungskurve, die sog. Indikatrix der Diffusion, von dem sich bei vollkommener Streuung ergebenden Kreise mehr oder weniger stark ab, und wir erhalten Kurven, wie sie für ein willkürliches Beispiel in der Abb. 4 wiedergegeben sind. Die Abbildung enthält zum Vergleich die Kurven der vollkommenen und der unvollkommenen Streuung nebeneinander, beide dem gleichen Lichtstrom entsprechend.

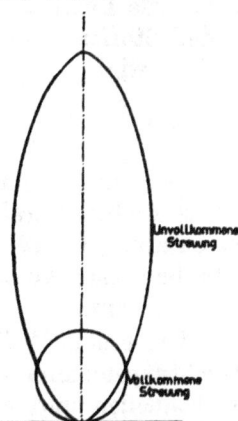

Abb. 4. Lichtverteilungskurven gleichen Lichtstroms bei vollkommener und bei unvollkommener Streuung.

Die Darstellung lehrt, daß sich bei der unvollkommen diffusen Fläche senkrecht zur Fläche und in benachbarten Richtungen größere Lichtstärken ergeben als beim vollkommen diffusen Strahler, während den größeren Winkeln von einem bestimmten Werte an kleinere Lichtstärken entsprechen. Wir erkennen, daß von einer Konstanz der Flächenhelle hier keine Rede sein kann; vielmehr nimmt sie mit zunehmendem Ausfallswinkel ab.

Das Streuvermögen. Setzen wir den Fall, daß eine vollkommen diffuse und eine unvollkommen streuende Fläche gleich groß sind, und daß sie beide senkrecht zu ihrer Fläche die gleiche Intensität haben, so ist ihre Flächenhelle in dieser Richtung dieselbe. Dagegen ist der Lichtstrom bei der unvollkommen streuenden Fläche erheblich kleiner als bei der vollkommen streuenden Fläche, und es ergibt sich ein entsprechender Unterschied für die nach der vorher gegebenen Definition gemessene spezifische Lichtausstrahlung in Lm/cm².

Diese Verschiedenheit kann dazu dienen, um nach Halbertsma (E.T.Z. 39, 207, 1918) den Streuungsgrad eines Stoffes, sein Streuvermögen, zu kennzeichnen, das er als das Verhältnis zwischen dem von diesem Stoff zerstreuten Lichtstrom und dem Lichtstrom der vollkommenen Streuung bei gleicher maximaler Lichtstärke definiert. Ist J_{max} diese maximale Lichtstärke, so entspricht ihr im Falle der vollkommenen Streuung der Lichtstrom $\pi \cdot J_{max}$. Beträgt der wirklich vorhandene Lichtstrom Φ Lumen, so ergibt sich für das Streuvermögen s

$$s = \frac{\Phi}{\pi \cdot J_{max}} = \frac{4\,J_{\ominus}}{J_{max}}.$$

Hierbei sind $J_{\ominus}$ die mittlere sphärische Lichtstärke und J_{max} die maximale Lichtstärke, die sich aus der Lichtverteilungskurve des streuenden Stoffes ergeben. Bei Beziehung beider Größen auf die Flächeneinheit wird

$$s = \frac{\text{wirklicher Lichtstrom/cm}^2}{\text{scheinbarer Lichtstrom/cm}^2}.$$

Der wirkliche Lichtstrom pro cm² ist nichts anderes als die spezifische Lichtausstrahlung, der scheinbare Lichtstrom die Flächenhelle in Lambert, sodaß das Streuvermögen auch als das Verhältnis der spezifischen Lichtausstrahlung zur Flächenhelle in Lambert angesehen werden kann.

Die Flächenhelle und das Streuvermögen spielen beide in der Beleuchtungstechnik eine wichtige Rolle, die Flächenhelle bei künstlichen Lichtquellen und Armaturen zur Kennzeichnung des ihnen eigentümlichen »Glanzes«, das Streuvermögen bei streuenden Gläsern usw., um mit der Lichtdurchlässigkeit ihre Eignung für Überglocken u. dgl. zu bewerten. Die Tabellen 3 und 4 (Seite 53, 54) geben die Flächenhellen für unsere wichtigsten künstlichen Lichtquellen und die Größe des Streuvermögens für eine Reihe von beleuchtungstechnisch in Frage kommenden Stoffen wieder.

Die Belichtung. Unter der Belichtung, einer hauptsächlich für photographische und photochemische Vorgänge in Frage kommenden Größe, versteht man die sich auf eine bestimmte Zeitdauer erstreckende Beleuchtung. Die Einheit der Belichtung erhalten wir, wenn wir eine Sekunde lang mit 1 Lux beleuchten. Diese Einheit heißt eine Luxsekunde.

Die Lichtausbeute und der spezifische Effektverbrauch. Um die verschiedenen Beleuchtungsarten bezüglich der Ausnutzung der ihnen zugeführten Energie zu kennzeichnen, setzt man das von der Lampe ausgehende Licht, charakterisiert durch seine Intensität in einer bestimmten Richtung bzw. als Lichtstrom gemessen, zu dem gleichzeitig erforderlichen Energiebedarf in Beziehung und hat als dafür maßgebende Größen den sog. spezifischen Effektverbrauch bzw. die Lichtausbeute eingeführt.

Unter dem spezifischen Effektverbrauch versteht man das Verhältnis der zugeführten Leistung zu der erzeugten Lichtstärke, die als mittlere horizontale, mittlere untere hemisphärische oder mittlere sphärische Lichtstärke eingesetzt wird; der Lichtstrom in Lumen wird bei dieser Art der Kennzeichnung selten zugrunde gelegt. Die Leistung wird bei elektrischen Lampen in Watt gemessen, während sie für Lampen mit flüssigen oder festen Brennstoffen in Gramm für die Stunde, mit gasförmigen Brennstoffen in Litern für die Stunde angegeben wird. Als Benennungen ergeben sich daraus je nach der Lampenart das Watt für die Kerze, das Gramm für die Kerzenstunde und das Liter für die Kerzenstunde. Die Angabe in Watt für ein Lumen, Gramm für eine Lumenstunde und Litern für eine Lumenstunde ist bisher wenig gebräuchlich.

Bei den Bogenlampen pflegt man nach den Bestimmungen des V. D. E. die Energieverluste im Vorschaltwiderstande usw. mit einzurechnen und den sich so ergebenden Wert als praktischen spezifischen Effektverbrauch zu bezeichnen.

Die Lichtausbeute ist als das Reziproke des spezifischen Effektverbrauchs definiert, stellt also das Verhältnis des nach der Intensität oder nach dem Lichtstrom bewerteten Lichtes zur erforderlichen Leistung dar. Sie wird in entsprechender Weise in Kerzen für ein Watt bzw. in Lumen für ein Watt angegeben; für die Lampen mit festen, flüssigen und gasförmigen Brennstoffen wird sie in Kerzenstunden für ein Gramm oder Liter bzw. Lumenstunden für ein Gramm oder Liter gemessen.

Die Bewertung der Lichtquellen hinsichtlich ihrer Wirtschaftlichkeit geschah früher fast ausschließlich auf Grund der Angabe des spezifischen Effektverbrauches. Neuerdings ist die Angabe der Lichtausbeute immer mehr in den Vordergrund getreten, wobei zunächst hauptsächlich die Angabe in sphärischen Kerzen für ein Watt üblich war. Die neueren Bestrebungen der beteiligten Kreise gehen dahin, die Lichtausbeute zu der für die Bewertung von Lichtquellen hinsichtlich ihrer Wirtschaftlichkeit maßgebenden Grundgröße zu machen und sie in Lumen für ein Watt zu messen.

Mit diesem Schritte würde von selbst die mitunter angewandte, dem sprachlichen Ausdruck nach verfehlte Bezeichnung des spezifischen Effektverbrauchs als Ökonomie einer Lichtquelle aus der Literatur verschwinden. Auch wäre diese Entwicklung deshalb zu begrüßen, weil die als Lumen für ein Watt angegebene Lichtausbeute die Lumen, d. h. eine Leistungsgröße, zu den Watt, ebenfalls einer Leistungsgröße, in Beziehung setzt, und weil die so gemessene Lichtausbeute damit als eine einfache Wirkungsgradangabe anzusehen ist.

Mechanisches Analogon der photometrischen Grundgrößen. Für die verschiedenen soeben besprochenen Grundgrößen hat L. Bloch (Grundzüge der Beleuchtungstechnik, Berlin 1907, S. 1) ein einfaches mechanisches Analogon gegeben, auf das wegen seiner Anschaulichkeit an dieser Stelle näher eingegangen sei.

Bloch läßt an die Stelle der Lichtquelle ein punktförmiges Sandstrahlgebläse treten, das nach allen Seiten des Raumes Sandstrahlen beliebig verschiedener Stärke aussendet. Dieses Gebläse setzt er in den Mittelpunkt einer großen Kugel, deren Innenwand so mit Klebestoff überzogen sein soll, daß sie imstande ist, den innerhalb einer bestimmten Zeit auftreffenden Sand an den Auftreffstellen festzuhalten. Der Sand sei der Wirkung der Schwerkraft nicht unterworfen, so daß er vom Gebläse genau radial fortgeschleudert wird und auf den Wänden senkrecht auftrifft. Dann ergeben sich folgende Vergleiche:

Die Lichtmenge entspricht der gesamten Sandmenge, die innerhalb einer bestimmten Zeit vom Sandstrahlgebläse ausgeworfen wird und sich danach auf den Kugelwänden vorfindet.

Der Lichtstrom ist in gleicher Weise durch die Sandmenge gegeben, die in der Zeiteinheit auf die Kugelfläche gelangt. Soll der Lichtstrom nur in einem bestimmten Raumwinkel ermittelt werden, so ist auf der Kugel nur diejenige Fläche in Betracht zu ziehen, in der der in Frage kommende Strahlenkegel die umschließende Kugel durchstößt. Auf Kugeln verschiedener Größe nehmen die zusammengehörigen Durchstoßungsflächen mit dem Quadrat des Radius ab. Die auf sie gelangende Sandmenge, entsprechend dem Lichtstrom, bleibt aber konstant, weil der Raumwinkel gleichfalls derselbe geblieben ist. Deshalb ändert sich im gleichen Raumwinkel die Dicke der Sandschicht auf den verschiedenen Kugeloberflächen umgekehrt mit dem Quadrat der Entfernung.

Die Schichtdicke entspricht der Beleuchtung und versinnbildlicht die Abnahme der Beleuchtung mit dem Quadrat des Abstandes von der Lichtquelle. Ist die Sandstrahlung unter verschiedenen Winkeln verschieden, so ist auch die Schichtdicke des Sandes auf einer umschließenden Kugeloberfläche an verschiedenen Stellen verschieden entsprechend der sich ändernden Beleuchtung. Ersetzt man die verschiedenen Schichtdicken auf einer bestimmten Fläche durch eine gleichmäßige Schichtdicke bei konstant gehaltener Sandmenge, so entspricht die neue gleichmäßige Schichtdicke der mittleren Beleuchtung der betrachteten Fläche.

Die mittlere Schichtdicke wurde erhalten durch Division der auf die fragliche Fläche in der Zeiteinheit gelangten Sandmenge durch die

Größe der Fläche. Die gesamte Sandmenge versinnbildlicht den auf die Fläche auffallenden Lichtstrom, so daß damit das zweite wichtige Gesetz für die Beleuchtung:

$$\text{Beleuchtung} = \frac{\text{Lichtstrom}}{\text{Fläche}}$$

hergeleitet ist.

Lassen wir die Sandstrahlen statt auf die Kugel auf eine schräg zur Richtung der Strahlen stehende Fläche fallen, so nimmt die Schichtdicke des Sandes, d. h. die Beleuchtung, mit dem Cosinus des Auffallwinkels ab, da die zum gleichen Raumwinkel gehörende schräg gestellte Fläche mit dem Cosinus dieses Winkels zunimmt.

Geben wir der umschließenden Kugel den Radius Eins (1 m), so werden Beleuchtung und Lichtstärke wegen der Abnahme der Beleuchtung mit dem Quadrate der Entfernung numerisch gleich. Die sich in der Zeiteinheit ergebende Schichtdicke der Sandschicht auf einer Kugel von 1 m Radius entspricht also der Lichtstärke. Bei verschiedener Verteilung der Strahlung ergeben sich in verschiedenen Richtungen verschiedene Schichtdicken, d. h. Lichtstärken.

Die Schichtdicken auf einer größeren Fläche der Einheitskugel kann man, wie vorher bei der Kugel von beliebigem Radius, mitteln. Man erhält so die mittlere Schichtdicke, und das ist in diesem Falle die mittlere Lichtstärke. Nimmt man diese Mittelung für die ganze Kugelfläche vor, so entspricht die sich ergebende mittlere Schichtdicke der mittleren sphärischen Lichtstärke. Da die Oberfläche der Einheitskugel gleich 4π ist und die ganze Sandmenge auf ihr dem gesamten Lichtstrom entspricht, so ist damit gleichzeitig die Beziehung abgeleitet, daß sich der Lichtstrom aus der mittleren sphärischen Lichtstärke durch Multiplikation mit 4π ergibt.

Nimmt man dieselbe Mittelbildung nur für die halbe Einheitskugel vor, so erhält man in gleicher Weise die zugehörigen mittleren Schichtdicken, d. h. die mittleren hemisphärischen Lichtstärken. Für sie ergibt sich in ähnlicher Weise, daß sie durch Multiplikation mit 2π in die entsprechenden halbräumlichen Lichtströme verwandelt werden.

Die photometrischen Einheiten für die Grundgrößen. Bei der Besprechung der Einheiten, die für jede Grundgröße bereits kurz erwähnt wurden, gehen wir von der Einheit der Lichtstärke aus, da sich unser praktisches photometrisches Maßsystem auf die Einheit der Lichtstärke gründet.

Die deutsche Einheit der Lichtstärke ist die Hefnerkerze (HK), verkörpert durch die horizontale Lichtstärke der von v. Hefner-Alteneck angegebenen Amylazetatlampe. Der massive Docht der Lampe wird von einem zylindrischen Dochtröhrchen aus Neusilber von 8 mm innerem und 8,3 mm äußerem Durchmesser

umschlossen; 25 mm dieses Dochtröhrchens ragen aus dem Brennstoffbehälter der Lampe hervor. Die Flammenhöhe, vom Rande
des Dochtröhrchens aus gemessen, muß 40 mm betragen. Die Flamme
soll in ruhig stehender, atmosphärischer Luft frei brennen; ihre Lichtstärke ist frühestens 10 Minuten nach dem Anzünden zu messen.
Als weitere normale Arbeitsbedingungen sind ein Luftdruck von 760 mm,
eine Luftfeuchtigkeit von 8,8 l auf 1 cbm trockene, kohlensäurefreie Luft
und ein Kohlensäuregehalt von 0,75 l auf 1 cbm trockene, kohlensäurefreie
Luft vorausgesetzt.

Die vorstehenden Angaben enthalten die wichtigsten Einzelheiten, die bei der Reproduktion der Hefnerkerzeneinheit zu berücksichtigen sind. Sie sind für genaue Untersuchungen durch die Vorschriften zu vervollständigen, die die Physikalisch-Technische Reichsanstalt zusammengestellt und veröffentlicht hat, und die, durch einige
weitere Feststellungen ergänzt, in Liebenthal, Praktische Photometrie
S. 411—419, zusammengestellt sind.

Die Hefnerkerze dient außer in Deutschland auch in Österreich
und in der Schweiz als Einheit. Für die anderen Kulturstaaten ist
durch Festsetzungen zwischen England, Frankreich und den
Vereinigten Staaten von Amerika die Standard-Kerze als
Einheit angenommen, die mitunter auch internationale Kerze
genannt wird, ohne daß sie bisher internationale Anerkennung gefunden
hat. Sie ist mit der Hefnerkerze durch die Beziehung verknüpft:

$$1 \text{ Standardkerze} = 1 \text{ internationale Kerze} = 1{,}11 \text{ HK}.$$

Auch in Deutschland sind neuerdings Bestrebungen im Gange,
die durch die obige Definition auf die Hefnerkerze zurückgeführte
Standardkerze als Maßeinheit einzuführen. Die darin gemessenen
Lichtstärken beabsichtigt man mit der Bezeichnung K zu versehen,
so daß der definitionsgemäße Zusammenhang besteht

$$1 \text{ K} = 1{,}11 \text{ HK}.$$

In Frankreich war früher längere Zeit das carcel als Einheit in
Benutzung, für das die Beziehung gilt

$$1 \text{ carcel} = 10{,}75 \text{ HK}.$$

Da die fremdsprachliche Fachliteratur hauptsächlich die genannten
fremden Einheiten benutzt, ist der unmittelbare Vergleich der darin
enthaltenen Zahlenwerte mit den deutschen Zahlen erschwert. Zur
Vereinfachung der dadurch notwendigen Umrechnungen dient die Tabelle 5 (S. 54), die die Faktoren zur Umrechnung eines in einer
Einheit gegebenen Zahlenwertes auf die beiden anderen enthält. Auf die
früher gebräuchlichen Einheiten einzugehen, dürfte sich heute erübrigen.
Es sei nur erwähnt, daß die früher in Deutschland gebräuchliche Bezeichnung Normalkerze (NK) nicht mit der Hefnerkerze übereinstimmt,

und daß die alte englische Kerze, die in einigen Arbeiten aus den Anfängen dieses Jahrhunderts noch Benutzung gefunden hat, 1,14 HK entsprach. Für die bis 1903 gebräuchlichen Einheiten sei im Bedarfsfalle auf eine tabellarische Zusammenstellung von H. Bunte verwiesen[1]).

Bei der Einheit des Lichtstromes, dem Lumen, ist der gleiche Unterschied wie bei der Einheit der Lichtstärke vorhanden, je nachdem, ob das Lumen als Hefnerlumen aus der Hefnerkerze oder als Standard- (internationales) Lumen aus der Standard- (internationalen) Kerze abgeleitet ist. Den vorher erwähnten Bestrebungen entsprechend ist für Deutschland zwischen den Bezeichnungen HLm (Hefnerlumen) und Lm (Standardlumen, internationales Lumen) zu unterscheiden. Die anderen erwähnten Einheiten der Lichtstärke sind zur Herleitung von entsprechenden Lichtstromeinheiten nicht herangezogen worden, so daß auf sie nicht weiter eingegangen zu werden braucht. Für die Umrechnung der beiden gebräuchlichen Einheiten des Lichtstromes aufeinander kann ohne weiteres die Tabelle 5 (S. 54) mitbenutzt werden.

Der Zusammenhang zwischen dem Lumen und der Kerze ist durch die Definition gegeben, daß sich der Lichtstrom aus der mittleren sphärischen Lichtstärke durch Multiplikation mit 4π ergibt. Deswegen entspricht 1 HK$_\ominus$ 12,57 HLm und 1 HLm 0,0796 HK$_\ominus$.

Als Einheit der Beleuchtung dient in Deutschland usw. das Hefnerlux, in England, Frankreich und Amerika das »internationale« Lux (internationales oder standard candle-meter, bougie-mètre). Für Frankreich ist auch das carcel-mètre zu erwähnen. Die Einheiten der Beleuchtung werden dadurch vermehrt, daß in den englisch sprechenden Ländern teilweise die Messung der Fläche in Fuß-Einheiten üblich ist, so daß als Einheiten der Beleuchtung das Hefnerfoot und das candle-foot[2]) hinzukommen. Bei allen Angaben von Beleuchtungsstärken in der Literatur ist deswegen sowohl auf die benutzte Lichteinheit wie die verwendete Einheit der Fläche zu achten. Die gegenseitigen Beziehungen zwischen den Angaben in den verschiedenen Einheiten der Beleuchtung gibt die Tabelle 6 (S. 55) wieder.

Erwähnt sei an dieser Stelle auch der Versuch der Amerikanischen Beleuchtungstechnischen Gesellschaft (1916), das c. g. s.-System, wie allgemein auf die Beleuchtungstechnik, so im einzelnen auf die Einheit der Beleuchtungsstärke auszudehnen. Sie definiert zu diesem Zwecke als neue Einheit der Beleuchtungsstärke den auftreffenden Lichtstrom von 1 Lm/cm² = 10000 Lux als ein Phot, dem sie für den praktischen Gebrauch das Milliphot = 10 Lux an die Seite setzt. Dabei entsprechen

---

[1]) H. Bunte, J. f. G. u. W. 46, 1005, 1903, abgedruckt in E. Liebenthal, Praktische Photom. S. 144 u. Uppenborn-Monasch, Lehrbuch der Photometrie, S. 32.

[2]) Auf die sprachliche Mißbildung, die in den Ausdrücken Hefnerfoot und candle-foot entsprechend dem deutschen Meter-Kerze statt Lux liegt, sei hier nicht weiter eingegangen.

Lm und Lux naturgemäß der Standardkerze, so daß 1 Phot mit 11100 Hefnerlux bzw. 1 Hefnerlux mit 0,09 Milliphot identisch ist.

Mit Rücksicht auf den Umfang der amerikanischen beleuchtungstechnischen Literatur erscheint es notwendig, auch diese Einheit im Zusammenhange aufzuführen, obwohl sie vorläufig nicht allgemein anerkannt ist. Dabei sei darauf hingewiesen, daß bereits im Jahre 1891 der internationale Photographen-Kongreß in Brüssel die gleiche Einheitsbezeichnung für die Einheit der Belichtung, die Luxsekunde (von der bougie décimale abgeleitet, die damals 1,13 HK entsprach) angenommen hat, so daß auf diesen Punkt bei der Benutzung von in der Literatur vorhandenen Angaben in Phot zu achten ist.

Als Einheit der Flächenhelle dient in Deutschland die Hefnerkerze pro cm², als Einheit der spezifischen Lichtausstrahlung das HLm/cm². Bei der Behandlung des Begriffs der Flächenhelle wurde bereits die amerikanische Einheit des Lambert erwähnt, so daß hier auf die oben gegebene Definition verwiesen werden kann. Es erschien wünschenswert, auch bei dieser Größe eine Umrechnungstabelle der verschiedenen Einheiten aufeinander zu geben (Tabelle 7, S. 55). Dabei ist vorausgesetzt, daß die in Betracht kommenden Flächen vollkommen streuend sind, also dem Lambertschen Cosinusgesetz gehorchen.

Für den spezifischen Effektverbrauch kommen in Deutschland das Watt für eine Hefnerkerze und das Watt für ein Hefnerlumen als Einheiten in Frage (W/HK und W/HLm), an deren Stelle nach Einführung der Standardkerze als Grundgröße das Watt für eine Kerze und das Watt für ein Lumen (W/K und W/Lm) treten würden. Als Einheiten der Lichtausbeute gelten entsprechend das Hefnerlumen und die Hefnerkerze für ein Watt (HLm/W und HK/W) bzw. ev. späterhin das Lumen und die Kerze für ein Watt (Lm/W und K/W).

Für Lichtquellen mit festen, flüssigen und gasförmigen Brennstoffen treten jeweils an die Stelle der Watt die Gramm für eine Stunde bzw. die Liter für eine Stunde.

Die Vielzahl der in Frage kommenden Umrechnungen beim Übergang von der in einer Einheit des spezifischen Effektverbrauches oder der Lichtausbeute gemachten Angabe auf eine andere läßt eine tabellarische Zusammenstellung erwünscht erscheinen, die sich in der Tabelle 8 (S. 56) findet. Sie sieht neben den im vorstehenden angeführten Einheitsbezeichnungen noch je eine Rubrik für die bisher bei Glühlampen usw. gebräuchliche horizontale Lichtstärke und den entsprechenden spezifischen Effektverbrauch vor. Dabei ist angenommen, daß die mittlere sphärische Lichtstärke das 0,8 fache der horizontalen Lichtstärke ist, so daß die genannten Rubriken außer für Kohlefaden- und Metalldrahtlampen auch für stehendes Gasglühlicht gelten. Durch die Aufnahme der von der Standardkerze abgeleiteten Einheiten ist die Tabelle insbesondere auch geeignet, die in der fremdsprachlichen Literatur unter Zugrundelegung dieser Größe gemachten Angaben auf irgendwelche andere, von der Hefnerkerze ausgehende Angaben der Lichtausbeute oder des spezifischen Effektverbrauches zurückzuführen. Die Tabelle kann gleichzeitig dazu dienen, verschiedene Angaben der Lichtstärke und des Lichtstromes aufeinander umzurechnen.

Zur Umrechnung der in einer bestimmten Einheit gegebenen Lichtausbeute (der Lichtstärke, des Lichtstromes) in eine andere Einheit der Lichtausbeute (der Lichtstärke, des Lichtstromes) wird in der linken Vertikalspalte die gegebene Einheitsbezeichnung aufgesucht, in der dadurch gegebenen Horizontalzeile der Faktor für die Umrechnung in die andere, in der Überschrift genannte Einheit der Lichtausbeute (der Lichtstärke, des Lichtstromes) festgestellt und durch Multiplikation der gegebenen Maßzahl mit dem Umrechnungsfaktor die neue Maßzahl ermittelt.

Ist keine Lichtausbeute, sondern ein in einer bestimmten Einheit gegebener spezifischer Effektverbrauch in eine andere Einheit des spezifischen Effektverbrauches umzurechnen, so wird die gegebene Einheitsbezeichnung des spezifischen Effektverbrauches in der Unterschrift aufgesucht und entsprechend aus der zugehörigen Vertikalspalte der Umrechnungsfaktor entnommen, der für die neue, in der rechten Vertikalspalte genannte Einheit des spezifischen Effektverbrauches gilt. Die Multiplikation der in der alten Einheit gegebenen Maßzahl mit dem gefundenen Umrechnungsfaktor ergibt die neue Maßzahl.

Soll endlich eine beliebige, in einer Einheit der Lichtausbeute oder des spezifischen Effektverbrauches gegebene Messung in eine beliebige andere reziproke Einheit umgerechnet werden, so wird zunächst die gegebene Lichtausbeute bzw. der gegebene spezifische Effektverbrauch in die der neuen Licht- oder Lichtstromeinheit entsprechende Lichtausbeute bzw. den zugehörigen spezifischen Effektverbrauch, wie angegeben, umgerechnet. Das gewünschte Schlußresultat ergibt sich, indem von dem gefundenen Werte das Reziproke genommen wird. Die gleiche Umrechnung kann man auch in der Weise vornehmen, daß man zunächst aus der Tabelle den Umrechnungsfaktor entnimmt, der zu dem bei der ersterwähnten Umrechnungsart benutzten, auf die mit 1 bezifferte Diagonale der Tabelle bezogen, symmetrisch liegt, und ihn durch die umzurechnende Zahl dividiert.

Die Durchführung der angegebenen Umrechnungen ist zweckmäßig, wenn es sich um die Ermittlung sehr genauer Zahlen handelt. Zur Feststellung der Ergebnisse mit geringerer, im allgemeinen für die Praxis ausreichender Genauigkeit genügt es, die nachstehend an-

gegebene Rechentafel Abb. 5 zu benutzen. Sie enthält in 6 Doppel-
skalen die 12 in Frage kommenden Einheiten des spezifischen Effektverbrauches und der Lichtausbeute und ist im Bereich so bemessen,
daß die praktisch in Frage kommenden Umrechnungen ohne weiteres
durchführbar sind. Zum Zwecke der Umrechnung wird die gegebene
Zahl auf der mit der zugehörigen Benennung versehenen Skala auf-

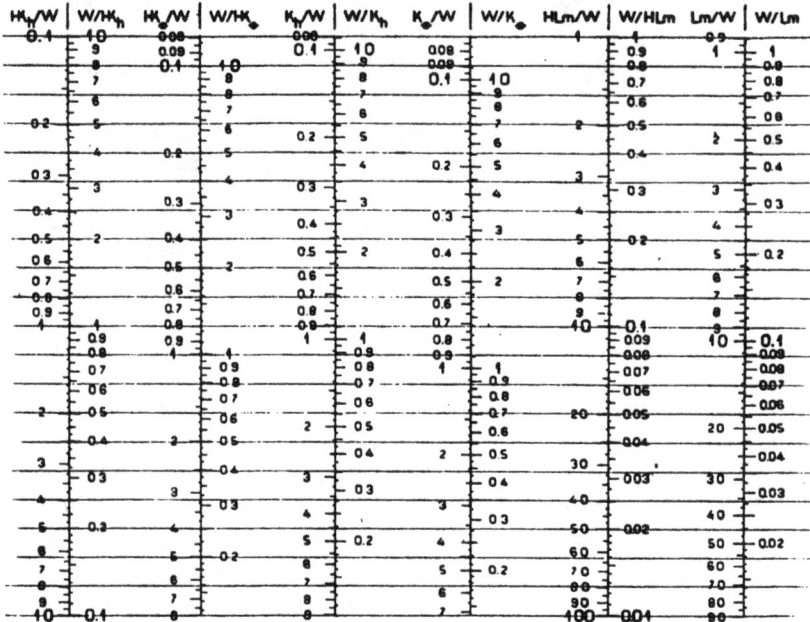

HK_h/W	W/HK_h	HK_e/W	W/HK_e	K_h/W	W/K_h	K_e/W	W/K_e	HLm/W	W/HLm	Lm/W	W/Lm

Abb. 5. Rechentafel zur Ermittlung zusammengehöriger Werte der in verschiedenen
Einheiten angegebenen Lichtausbeute bzw. des spezifischen Effektverbrauches[1].

gesucht und die ihr entsprechenden Maßzahlen in den anderen Einheiten auf der durch den Ausgangswert bestimmten Horizontallinie
abgelesen. Infolge der Doppelbezifferung der Skalen können hier auch die
reziproken Werte ohne weitere Umrechnung direkt entnommen werden.

§ 2. Das Wesen des Lichtes und die Lichtempfindung.

Bei den bisherigen Betrachtungen ließen wir dahingestellt, welcher
Art die von uns als Lichtstrahlen bezeichneten Energiestrahlen sind,
und wie die Lichtempfindung im einzelnen zustande kommt. Diese
Fragen seien hier behandelt, soweit sie für die Betrachtungen der § 3
und 4 erforderlich sind. Genaueres darüber findet sich im Abschnitt III.

Die Art der Lichtstrahlung. Was zunächst die Frage nach der Art
der Strahlung betrifft, so ist sie leicht dahin beantwortet, daß es

---

[1] Vergrößert, feiner unterteilt, im Verlag Stugra, Berlin-Waidmannslust,
erschienen.

sich um solche Energiestrahlung handelt, die bei der Bewertung mit dem dafür in Frage kommenden Organ, dem menschlichen Auge, als Licht empfunden wird. Es gilt also, diese Energiestrahlen zu bezeichnen, zu untersuchen, ob das Verhalten dieser Energiestrahlen dem Auge gegenüber durchweg das gleiche ist, und eventuell ergänzend anzugeben, welche relativen Unterschiede in der Empfindlichkeit des Auges für energiegleiche Reize verschiedenartiger Lichtstrahlung bestehen.

Nach den heutigen Anschauungen ist die Lichtstrahlung ein Sonderfall jener Form der Energieumsetzung, bei der elektromagnetische Vorgänge im Strahlungszentrum die Ursache einer sich im Raum fortpflanzenden elektromagnetischen Störung und damit eines Energietransportes sind. Diese elektromagnetischen Vorgänge spielen sich im Innern des Atoms ab, und haben wahrscheinlich, soweit sie die Lichterzeugung betreffen, ihren Sitz in den Elektronen. Die Elektronen sind negativ geladen und werden je nach den äußeren Anregungsbedingungen zu verschiedenartigen Bewegungen, d. h. Oszillationen elektrischer Ladungen, angeregt. Gehen die Oszillationen der elektrischen Kraft verhältnismäßig langsam vor sich, so treten sie nach außen hin als sog. langsame elektrische Schwingungen in Erscheinung; erfolgen sie schnell genug, so werden sie als Licht empfunden, und ist ihre Schwingungszahl noch größer, so haben wir es mit ultravioletter und Röntgenstrahlung zu tun.

Die Wellenlänge als Charakteristikum. Als charakteristisches Unterscheidungsmerkmal dieser periodisch ablaufenden Schwingungen bezeichneten wir bereits die Anzahl n der Schwingungen in der Sekunde (Schwingungszahl), die in Verbindung mit der Fortpflanzungsgeschwindigkeit c wie bei jeder Wellenbewegung die Wellenlänge λ der Schwingung durch die Beziehung kennzeichnet

Schwingungszahl · Wellenlänge = Fortpflanzungsgeschwindigkeit,

$$n \cdot \lambda = c.$$

Da c für alle genannten Schwingungsarten konstant $= 300\,000$ km/sec ist, so können n wie λ in gleicher Eindeutigkeit zur Bewertung der Strahlungsart herangezogen werden.

In der Strahlungslehre ist es im allgemeinen üblich, in erster Linie die Wellenlänge zur Kennzeichnung der Strahlung zu benutzen und deswegen die langsam ablaufenden Schwingungsvorgänge als langwellige, die schnell vor sich gehenden Oszillationen als kurzwellige Strahlung anzusprechen. Diese Art der Darstellung gibt die Möglichkeit, die auf den ersten Blick verschiedenartigsten Vorgänge, wie die in der drahtlosen Telegraphie benutzten elektrischen Wellen, die Wärmestrahlen, die Lichtstrahlen, die ultravioletten und die Röntgenstrahlen, einheitlich als elektromagnetische Schwingungen aufzufassen, und sie lediglich durch ihre Wellenlänge als verschiedenartig zu kennzeichnen. Ein Bild

dieser Art der Anschauung gibt die Abb. 6, die für die genannten Strah-
lungsarten ihre Abhängigkeit von der Wellenlänge der Strahlung wiedergibt.

Aus der Darstellung ersehen wir, daß die sichtbare Strahlung etwa
das Wellenlängengebiet von 0,4 bis 0,8 μ (1 μ = 0,001 mm) umfaßt,
daß ihm also rund eine Oktave von Schwingungen, gekennzeichnet
durch die Schwingungszahlen von 750 bis 375 Billionen in der Sekunde,
entspricht[1]). Im Vergleich dazu sei erwähnt, daß beispielsweise die Röntgenstrahlen als sehr schnelle Schwingungsvorgänge Schwingungszahlen
von 4000 Billionen bis 60 Trillionen Schwingungen in der Sekunde auf-

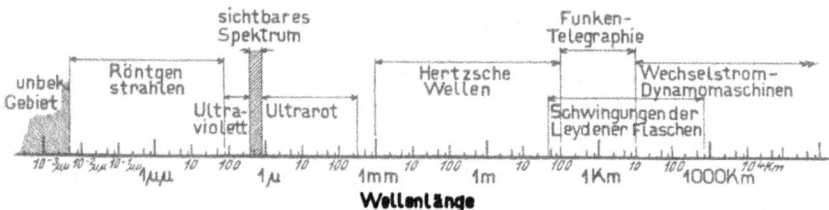

Abb. 6. Verschiedenartige Energiestrahlungen und zugehörige Wellenlängenbereiche
(Wellenlängen in logarithmischem Maßstabe).

weisen, während für die in der drahtlosen Telegraphie benutzten lang-
samen elektrischen Wellen 3 Millionen bis 30000 Schwingungen in der
Sekunde in Frage kommen.

Den verschiedenen Schwingungszahlen der sichtbaren Strahlung
entsprechen die verschiedenen Farben des Spektrums, so daß wir
mit abnehmender Wellenlänge und zunehmender Schwingungszahl
vom roten Ende des Spektrums über die Farben Orange, Gelb, Grün und
Blau zum violetten Ende des Spektrums gelangen. Die sich an das
rote Gebiet unmittelbar anschließenden unsichtbaren, langwelligen
Strahlen werden als ultrarote Strahlung, die auf der anderen Seite der
Wellenlängenskala liegenden, ebenfalls unsichtbaren, dem Violett unmittelbar benachbarten, aber noch schneller ablaufenden Schwingungen
als ultraviolette Strahlung bezeichnet.

Die Empfindlichkeit des Auges für Strahlen verschiedener Wellenlänge. Die »Resonatoren«, mit denen die Schwingungen des sichtbaren
Gebietes als Licht empfunden werden, die lichtempfindlichen Organe also,
liegen in der Netzhaut des Auges, und werden ihrer Form nach als Zapfen
und Stäbchen unterschieden. Die Zapfen stellen den farbtüchtigen
»Hellapparat« dar, mit dem das Auge bei Tage oder bei ausreichender
künstlicher Beleuchtung sieht; die Stäbchen geben den farblos empfin-
denden »Dunkelapparat« ab, mit dem das Auge im Halbdunkel Wahr-
nehmungen macht.

[1]) Genaueres siehe S. 35 bzw. 46.

Da für das genaue Sehen selbst bei schwacher natürlicher oder künstlicher Beleuchtung wie für die Bewertung verschiedenfarbigen Lichtes nur die Zapfen in Frage kommen, können wir bei den folgenden Betrachtungen das Vorhandensein der Stäbchen völlig vernachlässigen und brauchen nur das Verhalten der Zapfen gegen energiegleiche Reize verschiedener Wellenlängen zu betrachten. Dieses Verhalten, das sich in einer verschiedenartigen Bewertung des energiegleichen Strahlungsbetrages äußert, veranschaulicht Abb. 7. In ihr sind die bei den verschiedenen Wellenlängen verschiedenen relativen Bewertungen des gleichen Energiewertes auf den Höchstwert der Bewertung bei 0,55 μ (Gelbgrün) bezogen.

Es ist üblich, diese auf den Höchstwert der Empfindlichkeit bezogene Bewertung eines Strahlungsbetrages bei bestimmter Wellenlänge als Empfindlichkeit oder Reizfaktor des Auges für diese Wellenlänge zu bezeichnen, so daß die Abb. 7 die Empfindlichkeitskurve des Auges für energiegleiche Reize verschiedener Lichtfarbe darstellt. Die Augenempfindlichkeitskurve, die für verschiedene Menschen im Durchschnitt als konstant angesehen werden darf, spielt eine wichtige Rolle, wenn es sich darum handelt, die Energieausnutzung bei Strahlern verschiedener Energieverteilung zu ermitteln.

Die wiedergegebene ausgezogene Kurve entspricht den von Ives angegebenen Werten, die das mittlere Beobachtungsresultat

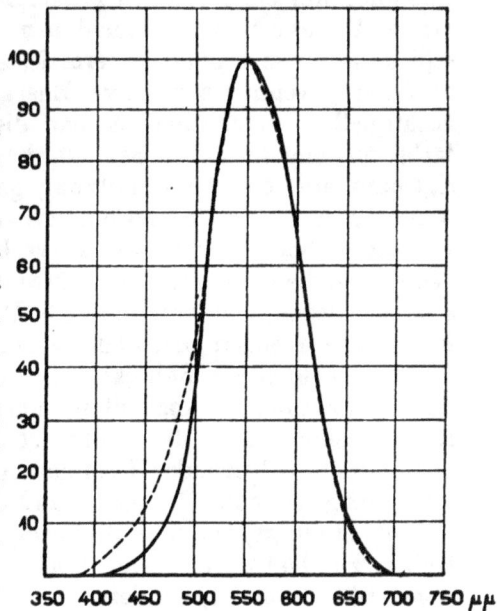

Abb. 7. Relative Empfindlichkeit des menschlichen Auges für Reize gleicher absoluter Stärke in Abhängigkeit von der Wellenlänge.

einer großen Reihe von Beobachtern darstellen. Von Lummer und seinen Schülern sind entsprechende Kurven angegeben worden, die teils (Thürmel und Stiller) mit der zuerst genannten Kurve übereinstimmen, teils (Bender) eine im Blau abweichende, größere Empfindlichkeit des Auges ergeben. In den letzten Jahren sind durch weitere Beobachtungen nach verschiedenen Methoden neue, im allgemeinen weniger stark abweichende Kurven aufgenommen worden. Als extremer Fall ist die Bendersche Kurve in der Abb. 7 gestrichelt mit wiedergegeben. In der entsprechenden Tab. 10 (S. 57) sind die in der Abbildung enthaltenen Zahlenwerte tabellarisch zusammengestellt. Gleichzeitig sind die neueren Angaben von Nutting, Ives und Kingsbury, Hyde,

Forsythe und Cady sowie die letzten von Ives veröffentlichten
Werte darin mit verzeichnet.

Auch für die Feststellung der Lichtintensität einer Lichtquelle
ist die Empfindlichkeitskurve von Bedeutung, da sie bei bekannter
Verteilung der Energie die Möglichkeit gibt, die bei der Messung einer
Intensität vom Auge vorgenommene Integration rechnerisch zu verfolgen,
und da sie infolgedessen erlaubt, in diesen Fällen über das zu erwartende
Licht Voraussagen zu machen.

Was die praktische Messung der Lichtstärke einer Lichtquelle
betrifft, so ist selbst das Auge eines geübten Beobachters nicht imstande,
eine auch nur einigermaßen brauchbare Schätzung der Intensität
einer Lichtquelle vorzunehmen. Nur erhebliche graduelle Unterschiede lassen sich ohne weiteres feststellen. Die Beurteilung wird noch
erschwert, wenn die relative Energieverteilung der einzuschätzenden
Lichtquellen verschieden ist, und diese deswegen auch in ihrer Lichtfarbe voneinander abweichen. In diesem Falle treten besondere Schwierigkeiten auf, die die Benutzung geeigneter Farbfilter bzw. die Verwendung des Flimmerphotometers notwendig machen[1]).   Sehen wir
von dieser Schwierigkeit ab, so verbleibt als einzige sichere Fähigkeit
des Auges, die denn auch die Stütze der praktischen Photometrie bildet,
sein Vermögen, ein zuverlässiges Urteil darüber abzugeben, ob zwei
beleuchtete Flächen gleich oder verschieden hell erscheinen.

Um von dieser Fähigkeit ausgehend, die Grundregeln der praktischen Photometrie abzuleiten, müssen die geringsten Helligkeitsunterschiede bekannt sein, die das menschliche Auge wahrzunehmen vermag.
Die dafür maßgebende Gesetzmäßigkeit ist das Fechnersche Em-
pfindungsgesetz. Es besagt, daß die Größe der Helligkeitsänderung,
die notwendig ist, um diese Änderung über die Schwelle des Bewußtseins
treten zu lassen, der sog. Unterschieds-Schwellenwert, keine
konstante Größe ist, sondern in erster Linie von der absoluten Größe
der Helligkeit abhängt. Ist E die Empfindungsstärke, e die Helligkeit
und e_0 der Reizschwellenwert, so ist nach Fechner

$$E = c \log \frac{e}{e_0}.$$

Darin ist c eine Konstante und der Reizschwellenwert e_0 die geringste
Helligkeit, die überhaupt zur Wahrnehmung einer Empfindung erforderlich ist.

Das Gesetz bedeutet, daß beispielsweise der Empfindungsunter-
schied zwischen den Beleuchtungen $e = 1000$ und $e_0 = 1$ Lux nur ca.
10mal so groß als der Unterschied zwischen $e = 2$ und $e_0 = 1$ Lux ist,

---

[1]) Genaueres darüber findet sich in der Spezialliteratur: Uppenborn-Monasch,
a. a. O. S. 284 usw., Liebenthal, a. a. O. S. 229 usw., Luckiesh, Color and its
applications (New York 1915), S. 191.

da sich im ersten Falle log 1000 = 3,0, im zweiten Falle log 2 = 0,301 ergibt.

Auch die absolute Helligkeit spielt bei der Meßgenauigkeit des Auges eine Rolle. Sie hat bei mittleren Helligkeiten ein Empfindlichkeitsmaximum und nimmt bei sehr geringen und bei sehr großen Helligkeiten ab. Im allgemeinen liegt die Grenze der Meßgenauigkeit des Auges für Helligkeitsunterschiede bei rd. 1%.

§ 3. Die Grenzen und Ziele der Lichterzeugung.

Wissenschaftliche Einteilung der künstlichen Lichtquellen. Wie verschiedenartig auch auf den ersten Blick die maßgebenden Überlegungen zu sein scheinen, die in den praktisch benutzten künstlichen Lichtquellen ihre Verkörperung gefunden haben, so einfach ist es, die darin gegebenen Lösungen der gleichen Aufgabe nach zwei grundlegenden wissenschaftlichen Gesichtspunkten zu ordnen. Diese Gesichtspunkte betreffen die Art und Weise, in der bei einer Lichtquelle die Lichterzeugung vor sich geht, und haben zu einer Unterteilung der künstlichen Lichtquellen in sog. Temperaturstrahler, bzw. sog. Lumineszenzstrahler geführt.

Temperaturstrahler. Bei den Temperaturstrahlern ist die Lichtabgabe eng mit der Erhitzung des lichtabgebenden Körpers verknüpft und hält so lange an, als man durch Zufuhr von Wärmeenergie für die Deckung der entstehenden Energieverluste und für die Aufrechterhaltung der Temperatur des Strahlers sorgt. Künstliche Lichtquellen, die auf reiner Temperaturstrahlung beruhen, sind beispielsweise die Stearinkerze, die Petroleumlampe, die verschiedenen elektrischen Glühlampen (Kohlefaden-, Nernst-, Osmium-, Tantal-, Wolframdrahtlampe) und die Reinkohlen-Bogenlampe.

Lumineszenzstrahler. Bei den Lumineszenzstrahlern ist die Lichtentwicklung nicht an hohe Temperaturen gebunden. Vielmehr kommt dieses »kalte Leuchten« schon bei Temperaturen zustande, bei denen an eine Lichtabgabe durch Erhitzung noch nicht zu denken ist, und es gibt Strahler dieser Art, bei denen überhaupt keine nennenswerte Temperaturerhöhung eintritt. Der bemerkenswerteste Vertreter dieser Strahlungsart ist der Leuchtkäfer; von künstlichen Lichtquellen gehören die Quecksilberbogenlampe und die Vakuumröhren-Beleuchtung (Moorelicht) hierher.

Es ist nicht überraschend, daß es unter den künstlichen Lichtquellen auch solche gibt, die nebeneinander Temperaturstrahlung und Lumineszenzstrahlung aufweisen. Zu dieser Klasse von Strahlern gehören beispielsweise die sehr wichtigen Flammenbogenlampen, bei denen die Lumineszenzstrahlung der im Flammenbogen zum Leuchten gebrachten Metallsalze neben der Temperaturstrahlung des

Kohlelichtbogens eine für die Wirtschaftlichkeit der Lichtquelle be-
deutsame Rolle spielt.

Der schwarze Körper. Will man die Eigenschaften der verschiedenen Lichtquellen der wissenschaftlichen Betrachtung zugänglich
machen, so muß man versuchen, einen durch bestimmte Eigenschaften
gekennzeichneten Idealkörper zu definieren und von diesem aus
durch besondere Annahmen zu den Fällen der Praxis überzugehen.
Der für die Temperaturstrahler charakteristische Idealkörper, von dem
aus sich aber auch ein Ausblick auf die Lumineszenzstrahler gewinnen
läßt, ist der schwarze Körper.

Der schwarze Körper ist dadurch definiert, daß er bei allen Temperaturen für jede Wellenlänge den Höchstwert an Strahlung aussendet, der bei der gleichen Wellenlänge und derselben Temperatur von
irgendeinem Körper ausgestrahlt werden kann. Dem entspricht, wie im
folgenden näher gezeigt wird, daß er jede auf ihn fallende Strahlung
vollständig verschluckt, also nichts davon zurückwirft, daß er, wie man
sagt, für alle Wellenlängen das Absorptionsvermögen 1 besitzt.

Das Kirchhoffsche Gesetz (1861). In der letzten Aussage ist das
Kirchhoffsche Gesetz von der Emission und Absorption der Strahlung für den schwarzen Körper als Sonderfall enthalten. Es besagt
in seiner allgemeinen, für jeden Temperaturstrahler geltenden Form,
daß das Verhältnis des Emissionsvermögens zum Absorptionsvermögen
für Strahlen derselben Wellenlänge bei der gleichen Temperatur für
alle Körper denselben Wert hat, und daß es gleich dem Emissionsvermögen des schwarzen Körpers für die betreffende Temperatur und
Wellenlänge ist.

Bezeichnet man das Emissionsvermögen des schwarzen Körpers
für eine bestimmte Temperatur und Wellenlänge mit S_λ, das Emissions-
bzw. Absorptionsvermögen eines beliebigen Körpers für die gleiche
Temperatur und Wellenlänge mit E_λ bzw. A_λ, so ergibt sich für das
Kirchhoffsche Gesetz in Formeln die Fassung

$$\left(\frac{E_\lambda}{A_\lambda} = \mathrm{const} = S_\lambda\right)_T$$

oder

$$(E_\lambda = A_\lambda \cdot S_\lambda)_T.$$

Aus dieser Fassung des Gesetzes geht hervor, daß das Emissionsvermögen eines beliebigen Strahlers dem des schwarzen Körpers proportional ist, und daß es den Höchstwert, die Emission des schwarzen
Körpers selber, erreicht, wenn $A_\lambda = 1$ wird. In diesem Falle entspricht der in Frage kommende Strahler für die betreffende Wellenlänge dem schwarzen Körper, d. h. er verschluckt ebenso wie dieser
alle auf ihn fallende Strahlung dieser Wellenlänge und wirft nichts
davon zurück.

Die unmittelbare praktische Folgerung aus dieser Feststellung ist das auf den ersten Blick befremdende Ergebnis, daß von mehreren verschieden stark reflektierenden Stoffen bei gleicher Erhitzung derjenige am stärksten strahlt, der am schwärzesten ist. Ein Stück Kohle wird also bei gleicher Temperatur heller erscheinen als ein Stück ebenso hoch erhitztes weißes Porzellan.

Verwirklichung des schwarzen Körpers. Der eben erwähnte Grenzfall $A_\lambda = 1$ wird in der Natur im allgemeinen nicht erreicht, da erfahrungsgemäß jeder Körper mehr oder weniger stark reflektiert und absolut schwarze Stoffe nicht vorkommen. Es blieb deshalb jahrzehntelang ein schwerwiegender Übelstand, daß man für die experimentellen Untersuchungen auf diesem Gebiete auf nichtschwarze Strahler angewiesen war, aus denen man die Eigenschaften der schwarzen Strahlung durch Extrapolation herleiten mußte.

Aus diesem Grunde bedeutete es einen Fortschritt erster Ordnung, als Wien und Lummer 1895 einen einfachen Weg zeigten, durch den Kunstgriff der wiederholten Reflexion mit Körpern beliebigen Reflexionsvermögens schwarze Strahlung zu erzeugen. Sie formten nämlich aus dem zu erhitzenden Stoffe einen Hohlkörper, in dessen Mantel sie eine kleine Öffnung ließen, und sorgten durch Blenden usw. dafür, daß nur solche Strahlung die Öffnung verließ, die genügend oft reflektiert worden war.

Nimmt man beispielsweise an, daß das Reflexionsvermögen des verwandten Stoffes $R_\lambda = 0,1$, d. h. also $A_\lambda = 1 - R_\lambda = 0,9$ sei, so wird ein von außen einfallender Strahl nach der ersten Reflexion 10% seines Einfallwertes, nach der zweiten 1%, nach der dritten 0,1% usw. besitzen. Ist der Aufbau so gewählt, daß der Strahl frühestens nach der dritten Reflexion aus der Öffnung wieder austreten kann, so hat der Körper bereits ein Absorptionsvermögen $A_\lambda = 0,999$; er ist also praktisch als vollkommen schwarzer Körper anzusprechen. Die entsprechenden Überlegungen gelten für die austretende Strahlung, so daß dem Hohlraum nur solche Strahlen entweichen, deren Emission dem Absorptionsvermögen $A_\lambda = 1$, dem schwarzen Körper also, entspricht.

Es ist klar, daß man bei der praktischen Benutzung des schwarzen Körpers für vollkommene Gleichmäßigkeit der Temperatur an allen Stellen des Hohlraums sorgen muß, und daß man, falls möglich, solche Stoffe bevorzugen wird, die von vornherein ein möglichst hohes Absorptionsvermögen besitzen. Für genaue Messungen und hohe Temperaturen verwendet man zur Erzeugung der schwarzen Strahlung elektrische Widerstandsöfen, wie sie Lummer und Kurlbaum angegeben haben und wie sie in ihrem wesentlichen Teil durch die

Abb. 8 veranschaulicht werden. Für rohe Zwecke genügt es sehr oft, die Strahlung zu benutzen, die aus einem genügend langen und genügend engen, überall auf gleicher Temperatur befindlichen Rohrofen heraustritt.

Die Gesetze der Hohlraumstrahlung. Die für den schwarzen Körper geltenden Gesetzmäßigkeiten beziehen sich teilweise auf die gesamte Strahlung aller Wellenlängen, die vom Hohlraumstrahler ausgeht.

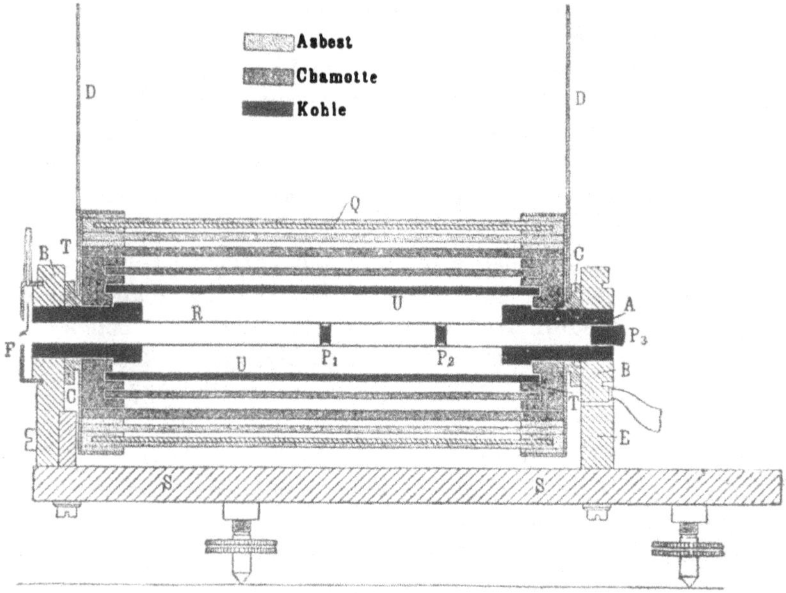

Abb. 8. Schnitt durch einen Kohlerohrwiderstandsofen zur Erzeugung von Hohlraum-strahlung, nach Lummer und Kurlbaum.

(Stefan-Boltzmannsches Gesetz), und betreffen zum andern die Verteilung der Energie auf die verschiedenen Spektralbezirke (Wien-Plancksche Strahlungsformel usw.).

Das Stefan-Boltzmannsche Gesetz besagt, daß sich die gesamte vom schwarzen Körper ausgesandte Strahlung mit der vierten Potenz seiner absoluten Temperatur (^{0}C + 273) ändert, daß also die Beziehung gilt

$$S = \int_0^\infty S_\lambda \, d\lambda = \sigma \cdot T^4.$$

Darin bedeutet T die absolute Temperatur des schwarzen Körpers und σ eine Konstante, die sog. Strahlungskonstante des Stefan-Boltzmannschen Gesetzes.

Das Gesetz bringt zum Ausdruck, um wieviel die Energieausstrahlung schneller anwächst als die Temperatur und läßt beispielsweise erkennen, daß bei der Erhöhung der absoluten Temperatur von 1000° auf 2000° die $2^4 = 16$fache Energie zur Deckung der Strahlungsverluste zugeführt werden muß.

Unbeantwortet bleibt indessen die wichtige Frage, wie sich die Energie im einzelnen auf die verschiedenen Wellenlängenbereiche verteilt, und wie sich diese Energieverteilung mit wachsender Temperatur ändert. Diese Aufgabe löst die Wien-Plancksche Strahlungsformel, indem sie die bei der Wellenlänge λ und der absoluten Temperatur T ausgestrahlte Energie $S_{\lambda T}$ nach der Formel

$$S_{\lambda T} = c_1 \cdot \lambda^{-5} \left(e^{\frac{c_2}{\lambda \cdot T}} - 1 \right)^{-1}$$

zu berechnen gestattet. Darin ist $e = 2{,}71828$ die Basis der natürlichen Logarithmen, und c_1 und c_2 sind zwei charakteristische Konstanten, deren Wert nur von der gewählten Temperaturskala und der Genauigkeit unserer Meßmethoden abhängt.

Zurzeit liegt unsere Temperaturskala bei den höheren Temperaturen noch nicht völlig sicher fest, und wir können nur sagen, daß nach den Messungen der Physikalisch-Technischen Reichsanstalt[1]) der Wert $c_2 = 1{,}4300$ cm · Grad die meiste Wahrscheinlichkeit besitzt. Von dem Zahlenwert dieser Größe hängen aber gleichzeitig c_1 und weiter auch σ ab, da sich die Größe S des Stefan-Boltzmannschen Gesetzes durch Integration der Wien-Planckschen Strahlungsformel über alle Wellenlängen von 0 bis ∞ ergibt. Je nach dem Werte von c_2 ändern sich daher c_1 und σ. Ihre Zahlenwerte sind für die wichtigsten in der Literatur benutzten Temperaturskalen, charakterisiert durch die zugehörigen c_2-Werte, in der Tabelle 9 (S. 56) zusammengestellt.

Berechnet man für ein zusammengehöriges Wertepaar c_1 und c_2 die Energieverteilung für eine Reihe verschiedener Temperaturen, so erhält man Energiewerte, die vom Gebiete der langen Wellen her allmählich ansteigen, einen Höchstwert erreichen und danach nach dem Gebiete der kürzeren Wellen zu wieder abnehmen. Solche Energieverteilungskurven sind in der Abb. 9 für mehrere Temperaturen gezeichnet; sie lassen außer der beschriebenen Gesetzmäßigkeit die wichtige Tatsache erkennen, daß das Maximum der Energiestrahlung mit steigender Temperatur nach dem Gebiete der kurzen Wellen hin fortschreitet. Setzt man $c_1 = 3{,}67 \cdot 10^{-12}$, $c_2 = 1{,}4300$, wie dies für die Abbildung zutrifft, so hat das Strahlungsmaximum, vom Unsichtbaren her kommend, bei $T_1 = 4120$ die rote Wellenlänge $\lambda_1 = 0{,}7\,\mu$ erreicht und tritt bei $T_2 = 7200$ am kurzwelligen Ende des Spektrums ($\lambda_2 = 0{,}4\,\mu$) wieder aus.

---

[1]) Phys.-Techn. Reichsanstalt, Ann. d. Phys. 48, 1034, 1915.

Zwischen der Wellénlänge λ_m, bei der die Energiestrahlung ihren Höchstwert erreicht, und der zugehörigen Temperatur besteht die einfache Beziehung:

$$\lambda_m \cdot T = \text{const}:$$

das Produkt aus der Temperatur und der dem Höchstwert der Energie entsprechenden Wellenlänge ist konstant.

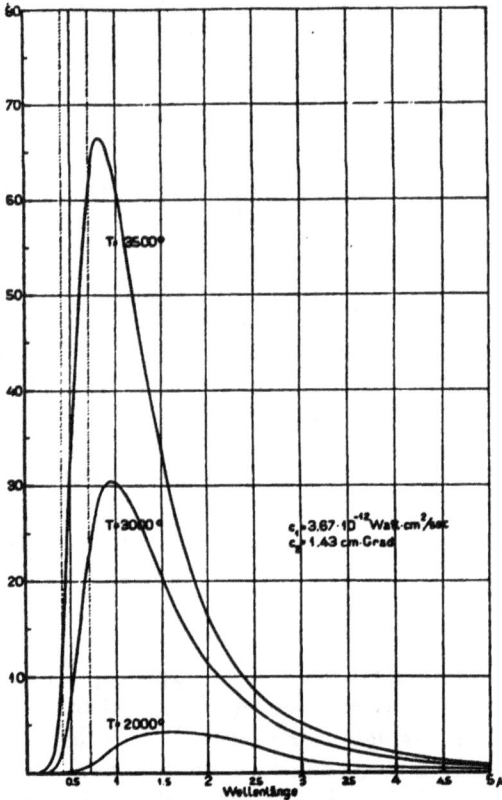

Abb. 9. Energieverteilungskurven des schwarzen Körpers für verschiedene Temperaturen.

Ein weiterer einfacher Zusammenhang läßt sich zwischen dem Höchstwert der Strahlung selber und der zugehörigen Temperatur ermitteln. Für diese gilt

$$S_m \cdot T^{-5} = \text{const}:$$

die maximale Energie ist proportional der fünften Potenz der absoluten Temperatur.

Knüpfen wir an das Rechenbeispiel an, das wir zur Verdeutlichung des Stefan-Boltzmannschen Gesetzes behandelten, so ergibt sich als Folge aus den beiden zuletzt genannten Gesetzmäßigkeiten, daß sich das Strahlungsmaximum bei der Erhöhung der Temperatur von 1000° auf 2000° abs. von der Wellenlänge 2,88 μ zur Wellenlänge 1,44 μ verschiebt, und daß der Energiehöchstwert selber gleichzeitig auf das $2^5 = 32$ fache des Betrages bei 1000° anwächst.

Strahlungsgesetze des blanken Platins. Der schwarze Körper ist auf Grund seiner Strahlungseigenschaften in allen Wellenlängenbereichen ein Maximalstrahler, so daß die Frage entsteht, in welchem Sinne sich die für ihn gefundenen Gesetze ändern, wenn man blanke und infolgedessen weniger stark strahlende Stoffe zugrunde legt, wie sie in der Natur im allgemeinen vorkommen.

Lummer und Kurlbaum bzw. Lummer und Pringsheim haben die Antwort auf diese Frage gegeben, indem sie die Gesetzmäßigkeiten für das blanke Platin untersuchten, und damit bis zu einem gewissen Grade den anderen praktisch in Frage kommenden Grenzfall behandelten, da sich das blanke Platin in der Reihe der hochfeuerfesten Metalle durch ein sehr kleines Absorptionsvermögen und eine dementsprechend geringe Emission auszeichnet.

Sie fanden für die Strahlung des blanken Platins die folgenden Gesetze:

1. Die Gesamtstrahlung ist proportional der fünften Potenz der absoluten Temperatur.

2. Das Produkt aus der dem Strahlungshöchstwert entsprechenden Wellenlänge und der absoluten Temperatur ist konstant; es hat den Wert 2580 (für $c_2 = 1{,}43$).

3. Die maximale Energie ist proportional der sechsten Potenz der absoluten Temperatur.

Diese Gesetze gelten streng nur für den Bereich der Beobachtungen, die sich bis etwas unterhalb des Schmelzpunktes des Platins erstreckten. Es ist klar, daß insbesondere das erste Gesetz nicht bis zu beliebig hohen Temperaturen gültig sein kann, da die mit der fünften Potenz der Temperatur fortschreitende Gesamtemission des blanken Platins stets kleiner als die mit der vierten Potenz der Temperatur anwachsende Gesamtstrahlung des schwarzen Körpers sein muß. Der tatsächliche Unterschied zwischen der Strahlung beider Körper ist recht erheblich, indem das blanke Platin bei Rotglut noch nicht den zehnten Teil der Gesamtemission des schwarzen Körpers, bei den höchsten untersuchten Temperaturen immer noch weniger als die halbe Energiestrahlung des schwarzen Körpers aufweist.

Die „schwarze Temperatur". Als bemerkenswerte Folgerung aus dem Kirchhoffschen Gesetze führten wir die Unterschiede in der sichtbaren Strahlung von verschieden stark reflektierenden Stoffen, d. h. die Unterschiede in der Flächenhelligkeit dieser Stoffe bei der gleichen Temperatur an. Diese bei hohen Temperaturen sehr beträchtlichen Unterschiede machen es unmöglich, die an sich leicht meßbare und mit der Temperatur stark veränderliche Flächenhelle ohne weiteres als Maßstab der Temperatur zu benutzen. Dies wird erst möglich, wenn man gleichzeitig das Absorptionsvermögen des fraglichen Stoffes mit angibt bzw. zum Ausdruck bringt, daß bei der Messung das Absorptionsvermögen des strahlenden Stoffes gleich der Einheit angenommen wurde.

In der Tat definiert man bei optischen Temperaturmessungen als schwarze Temperatur eines beliebigen Körpers diejenige Temperatur des schwarzen Körpers, bei der er die gleiche Flächenhelligkeit wie jener besitzt. Bei den praktischen Temperaturbestimmungen nach dieser Methode erhöht man die Meßgenauigkeit, indem man mit Hilfe eines Farbfilters nur die Flächenhelle eines engen Wellenlängenbereiches

herausgreift. Man spricht dann von der beispielsweise im Rot oder
Grün bestimmter Wellenlänge gemessenen schwarzen Temperatur.

Die wahre Temperatur weicht von der schwarzen Temperatur
mehr oder weniger stark ab. Ist der Körper ein schwarzer Körper, so
stimmen seine wahre und schwarze Temperatur überein; ist er ein
blanker Strahler, so ist seine wahre Temperatur höher, und zwar ist
die Abweichung um so größer, je niedriger das Absorptionsvermögen,
je höher also das Reflexionsvermögen des Strahlers ist. Von den in
Frage kommenden Unterschieden gibt die Tabelle 11 (S. 58) ein Bild,
in der für verschiedene Werte des Reflexionsvermögens die zu einer
Reihe von schwarzen Temperaturen gehörenden wahren
Temperaturen angegeben sind. Die Tabelle 12 (S. 59) gibt die Reflexionsvermögen der wichtigsten in Frage kommenden Stoffe
wieder.

Der schwarze Körper als Lichtquelle. Die in den letzten Abschnitten
geschilderten gesetzmäßigen Zusammenhänge geben die Möglichkeit,
in weitestem Umfange auf rechnerischem Wege die ganz allgemein
gehaltene Aufgabe zu lösen, wie sich der schwarze Körper bei verschiedenen Temperaturen als Lichtquelle verhält. Im einzelnen wird dabei
beantwortet, welcher Anteil der Gesamtstrahlung bei jeder Temperatur
auf das sichtbare Gebiet entfällt, wie sich diese auf das sichtbare Gebiet
entfallende Strahlung prozentisch und absolut genommen in Licht
umsetzt, mit welchem Wirkungsgrad die Gesamtenergie als solche bei
der Lichterzeugung ausgenutzt wird, wie die Lichtstärke des schwarzen
Körpers mit der Temperatur ihrem zahlenmäßigen Betrage nach und
im Verhältnis zur Temperatur anwächst, und endlich welche günstigsten
Werte der Energieausnutzung für den schwarzen Körper selber oder
einen daraus herzuleitenden Idealkörper denkbar sind.

Für die Lösung dieser Aufgaben gehen wir von der Abb. 9 aus,
die zunächst die Verteilung der Energie des schwarzen Körpers auf die
einzelnen Wellenlängenbezirke für verschiedene Temperaturen ver-
deutlicht, die aber daneben durch die Größe der zwischen den Energieverteilungskurven und der Wellenlängenachse eingeschlossenen Flächen
ein Bild von dem Betrage der jeweiligen Gesamtstrahlung gibt. Von
dieser Gesamtstrahlung kommt für die Wirksamkeit des schwarzen
Körpers als Lichtquelle nur der Wellenlängenbereich in Frage, in dem
das menschliche Auge die auffallende Strahlungsenergie entsprechend
der Abb. 7 als Licht bewertet. Dieser Bereich ist in der Abb. 9 durch
die beiden punktiert eingezeichneten Senkrechten hervorgehoben.
Die dadurch aus der Fläche der Gesamtstrahlung herausgeschnittenen
Teile geben von den in Frage kommenden Teilbeträgen der Energie
ebenso ein Bild, wie die ganzen »Energieflächen« den Gesamtstrah-
lungen bei den verschiedenen Temperaturen proportional sind.

Zur besseren Verdeutlichung sind in der Abb. 10 die gleichen Angaben für die Temperatur $T = 3500^0$ abs. zusammengestellt, und es ist dort der auf den Bereich der sichtbaren Strahlung entfallende Energieanteil durch schwache Schraffierung gekennzeichnet. Die Darstellung erlaubt, die schraffierte Fläche, d. h. die auf das sichtbare Gebiet entfallende Strahlung s, auf die ganze Energiefläche, die Gesamtstrahlung S aller Wellenlängen also, zu beziehen und dadurch als erste für den schwarzen Körper als Lichtquelle wichtige Größe den »optischen Nutzeffekt der Gesamtstrahlung« $\mathfrak{O} = s/S$ zu definieren. Er gibt den Bruchteil der Gesamtstrahlung an, der auf das Gebiet der

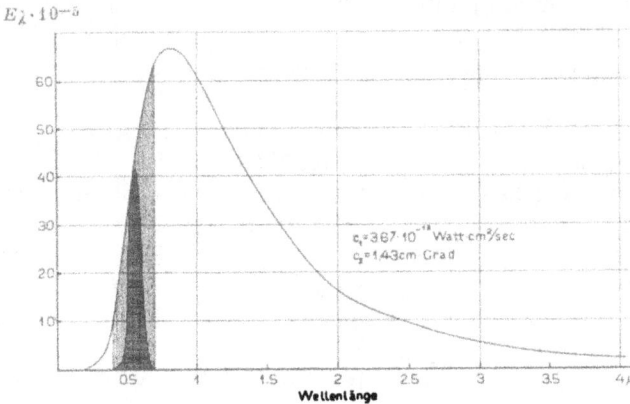

Abb. 10. Energieverteilungskurve des schwarzen Körpers für $T = 3500^0$ abs.

optisch in Frage kommenden Wellenlängen entfällt. Lummer und Kohn haben für die gleiche Größe die Bezeichnung »energetische Ökonomie« eingeführt; in der amerikanischen Literatur wird sie als »luminous efficiency« bezeichnet.

Nimmt man die in Abb. 10 angedeutete Rechnung für andere Temperaturen vor, so kann man angeben, wie die auf das sichtbare Gebiet entfallende Strahlungsenergie beim schwarzen Körper mit der Temperatur anwächst, und man kann ermitteln, wie der optische Nutzeffekt der Gesamtstrahlung sich mit der Temperatur verändert. Nicht möglich ist es indessen, aus dem Anwachsen der Energie einen Rückschluß auf das Anwachsen des Lichtes zu ziehen, da das menschliche Auge den gleichen Energiebetrag bei den verschiedenen Wellenlängen verschieden bewertet. Eine Aussage über das Anwachsen des Lichtes ist daher erst möglich, wenn die Energieteilbeträge zuvor durch Multiplikation mit den zugehörigen Werten der relativen Empfindlichkeit des menschlichen Auges (Abb. 7) auf eine in Lichteinheiten einheitliche Bewertungsbasis gebracht sind. Man macht dabei mit Eisler die durch Messungen als richtig bestätigte Annahme, daß sich die spektralen Helligkeiten zur Gesamthelligkeit additiv zusammensetzen.

3

Führt man diese Rechenoperation für $T = 3500^0$ aus, so erhält man die in der Abb. 10 eingezeichnete Kurve, die zusammen mit der Wellenlängenachse das stark schraffierte Flächenstück L einschließt. Dieses Flächenstück kann ebenfalls sowohl zur Fläche der Gesamtenergie wie zur Fläche der auf das sichtbare Gebiet entfallenden Strahlungsenergie in Beziehung gesetzt werden. In beiden Fällen wird die Frage beantwortet, welche Lichtmengen zu erwarten wären, wenn die ganze in jedem Falle in Frage kommende Energie bei jeder Wellenlänge die Bewertung erfahren würde, die ihr das Auge am Empfindlichkeitsmaximum zuteil werden läßt.

Bezeichnen wir die dadurch definierte Größe, d. h. das Verhältnis der als Licht bewerteten Strahlung zur Strahlung selber, als den visuellen Nutzeffekt der Strahlung, so kommen wir dazu, auf die angegebene Weise

den visuellen Nutzeffekt der sichtbaren Strahlung $v = L/s$

sowie den visuellen Nutzeffekt der Gesamtstrahlung $\mathfrak{B} = L/S$

anzugeben und für beide Größen ihre Änderung mit der Temperatur zu ermitteln. Lummer und Kohn nennen die letztgenannte Größe »photometrische Ökonomie«, Ives hat dafür die Bezeichnung »reduced luminous efficiency« gewählt. Beide Größen sind miteinander bzw. mit dem optischen Nutzeffekt der Gesamtstrahlung durch die Beziehung verbunden $\mathfrak{B} = \mathfrak{O} \cdot v$.

Beachtet man endlich, daß die experimentelle Möglichkeit vorliegt, für einzelne der Messung zugängliche Temperaturen die Lichtabgabe des schwarzen Körpers für die Flächeneinheit zu ermitteln, so erkennt man, daß durch die Berechnung der Lichtflächen bei verschiedenen Temperaturen gleichzeitig die Aufgabe gelöst ist, das Anwachsen der Lichtstärke des schwarzen Körpers mit der Temperatur nicht nur relativ, sondern auch dem absoluten Betrage nach rechnerisch festzustellen. Daran anschließend können dann die weiteren Fragen beantwortet werden, die eingangs gestellt wurden und die weiter unten behandelt werden sollen.

Der im vorstehenden gekennzeichnete Weg wurde zum ersten Male in den Arbeiten von Eisler beschritten und ist in der Folgezeit wiederholt von anderen Forschern (Rasch, Ives, Pirani und Miething, Lummer und Kohn, Ives und Kingsbury, Langmuir, Hyde, Forsythe und Cady, sowie dem Verfasser) eingeschlagen worden. Die Ergebnisse dieser Arbeiten stimmen in den Grundzügen überein; sie weichen in Einzelheiten voneinander ab, da die Resultate von der Wahl der Empfindlichkeitskurve des menschlichen Auges, von der zugrunde gelegten Temperaturskala, von den für die sichtbare Strahlung gewählten Wellenlängengrenzen und von der für den experimentellen Bezugswert der Lichtstärke festgesetzten Bezugszahl abhängen.

Der vorliegenden Darstellung sind in erster Linie die vom Verfasser angestellten Berechnungen zugrunde gelegt, die an einzelnen Stellen

dem heutigen Stande der Forschung anzupassen waren.. Dies gilt beispielsweise für die Konstanten c_1 und c_2 des Wien-Planckschen und σ des
Stefan-Boltzmannschen Gesetzes, für die hier $c_2 = 1{,}43$, $c_1 = 3{,}67 \cdot 10^{-12}$
und $\sigma = 5{,}70 \cdot 10^{-12}$ angenommen wurde, wie für den experimentellen
Bezugswert der Lichtstärke des schwarzen Körpers, auf den weiter
unten eingegangen wird.

Als Empfindlichkeitskurve des menschlichen Auges wurde, wie
in der Originalarbeit, die von Ives angegebene, in Abb. 7 (S. 23) bzw.
Tabelle 10 (S. 57) wiedergegebene Kurve beibehalten, da sie sich einer-
seits auf eine sehr erhebliche Anzahl von Beobachtern stützt, und da zum
anderen die bei der Verwendung neuerer Kurven (Hyde, Forsythe und
Cady) sich ergebenden Änderungen, wie die Nachrechnungen zeigen,
nicht sehr beträchtlich sind.

Die Grenzen der sichtbaren Strahlung wurden zu $\lambda_1 = 0{,}4$
und $\lambda_2 = 0{,}7\,\mu$ festgelegt, so daß der Wellenlängenbereich zwischen 0,7
und 0,75 μ bzw. 0,7 und 0,8 μ im Gegensatz zu einem großen Teil der
früheren Literatur völlig vernachlässigt ist. Dies könnte insofern be-
fremden, als zum mindesten die Strahlung zwischen 0,7 und 0,75 μ
bestimmt als Lichtstrahlung anzusprechen ist, findet aber darin seine
Rechtfertigung, daß die Empfindlichkeitswerte an sich sehr gering sind,
und daß ferner dieser Bereich bei allen Temperaturen zwischen 2000°
und 10000° abs. weniger als 0,2% zum Gesamtlicht beträgt. Da auch
der Einfluß auf die Lichtfarbe dementsprechend gering ist, so läßt
sich bestimmt aussagen, daß die Energiestrahlung des schwarzen Körpers zwischen 0,4 und 0,7 μ seine Lichtstrahlung quantitativ und qua-
litativ genügend genau kennzeichnet.

Eine Folge dieser Festsetzung ist, daß sich für den optischen Nutzeffekt der Gesamtstrahlung kleinere Werte ergeben, als wenn der Bereich zwischen 0,7 und 0,75 μ mit berücksichtigt wäre, während umgekehrt der visuelle Nutzeffekt der sichtbaren Strahlung höhere Zahlenwerte ergibt. Dies ist zu beachten, wenn es sich um den Vergleich
mit experimentell ermittelten Zahlen handelt, bei denen Absorptions-
filter mit größerem Durchlässigkeitsbereich Verwendung gefunden
haben.

Der optische Nutzeffekt der Gesamtstrahlung. Führt man die
Berechnung des optischen Nutzeffektes $\mathfrak{O}$ der Gesamtstrahlung unter
Benutzung der angegebenen Konstanten für verschiedene Temperaturen durch, so erhält man die in Abb. 11 wiedergegebene Kurve. Sie
läßt erkennen, daß die günstigste Ausnutzung der Gesamtstrahlung des schwarzen Körpers mit 39,4% bei rd. 7000° abs. erreicht ist,
und zeigt, daß diese Ausnutzung bei dem für die meisten praktisch
benutzten künstlichen Lichtquellen in Frage kommenden Temperatur-
bereich (2000 bis 3000°) recht gering ist. Zu Vergleichszwecken ist

punktiert die Kurve mit eingezeichnet, die sich ergibt, wenn man als sichtbare Strahlung den Wellenlängenbereich von 0,4 bis 0,75 µ an-nimmt.

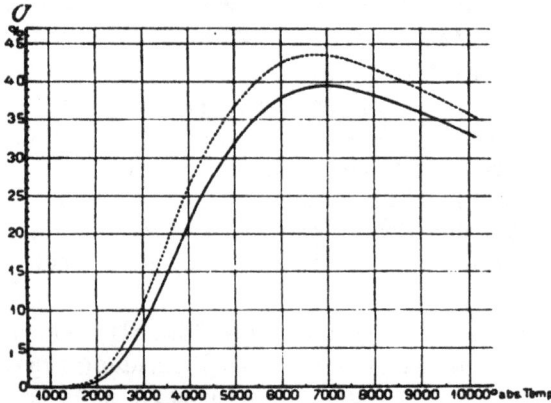

Abb. 11. Optischer Nutzeffekt der Gesamtstrahlung des schwarzen Körpers in Abhängigkeit von der absoluten Temperatur.

Der visuelle Nutzeffekt der sichtbaren Strahlung. In Abb. 12 ver-deutlicht die ausgezogene Kurve den visuellen Nutzeffekt v der sicht-baren Strahlung für den Bereich 0,4 bis 0,7 µ. Sie besagt, daß die schwarze Strahlung des angegebenen Wellenlängenbereiches bei rd. 4250° abs. die günstigste Umsetzung in Licht mit einer relativen Be-

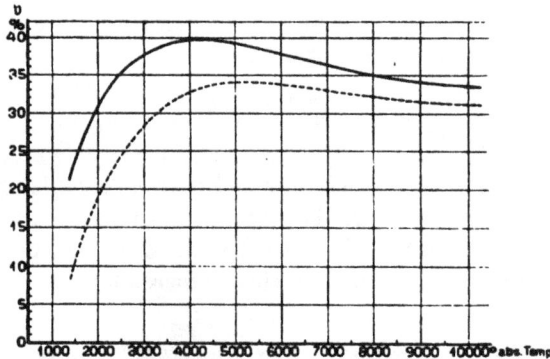

Abb. 12. Visueller Nutzeffekt der sichtbaren Strahlung des schwarzen Körpers in Abhängigkeit von der absoluten Temperatur.

wertung von 39,8% erfährt, und gibt damit die Grenzwerte an, die für einen bei allen Wellenlängen des sichtbaren Gebiets kontinuierlich Energie aussendenden Strahler von irgendeiner dem schwarzen Körper entsprechenden Energieverteilung, d. h. Lichtfarbe, zu erwarten sind. Die für den Strahlungsbereich 0,4 bis 0,75 µ geltende Kurve ist punk-tiert mit eingezeichnet.

Der visuelle Nutzeffekt der Gesamtstrahlung. Der visuelle Nutzeffekt $\mathfrak{B}$ der Gesamtstrahlung des schwarzen Körpers ergibt sich
durch Multiplikation zusammengehöriger Wertepaare des auf den
gleichen Strahlungsbereich bezogenen optischen Nutzeffektes der Gesamtstrahlung bzw. des visuellen Nutzeffektes der sichtbaren Strahlung
($\mathfrak{B} = \mathfrak{D} \cdot \mathfrak{v}$). Er ist in der Abb. 13 wiedergegeben und zeigt einen
Höchstwert von 14,5% bei rd. 6500° abs. Er läßt in ähnlicher Weise
wie Abb. 11 einen Rückschluß auf die bei den praktisch verwendeten
Temperaturstrahlern zu erwartende ungünstige Energieausnutzung zu.

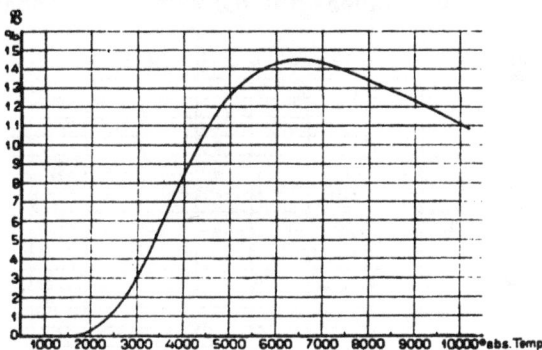

Abb. 13. Visueller Nutzeffekt der Gesamtstrahlung des schwarzen
Körpers in Abhängigkeit von der absoluten Temperatur.

Die Lichtabgabe des schwarzen Körpers. Bewertet man die bei
der Berechnung des visuellen Nutzeffektes für verschiedene Temperaturen ermittelten »Lichtflächen« des schwarzen Körpers im Verhältnis ihrer Maßstäbe, so ergibt sich, wie bereits angedeutet, ein auf
rechnerischem Wege gewonnenes Bild von dem relativen Anwachsen
der Flächenhelligkeit des schwarzen Körpers. Setzt man die
Flächenhelligkeit bei 2000° abs. willkürlich gleich 1, so erhält man
für die verschiedenen Temperaturen Zahlenwerte, die in der Tabelle 13
(S. 60) für den Bereich von 1500 bis 10000° zusammengestellt sind.

Die angeführten relativen Zahlen verwandeln sich in absolute
Werte, sobald für eine der verzeichneten Temperaturen ein genauer,
experimentell ermittelter Wert der Flächenhelle vorliegt. Als solcher
wurde bei den früher vom Verfasser mitgeteilten Absolutwerten eine
nach Lummer und Pringsheim angegebene, für 2000° abs. geltende
Flächenhelle zugrunde gelegt, die indessen nach den neueren Bestimmungen nicht mehr als zutreffend bezeichnet werden kann. Sie war
durch Angaben zu ersetzen, die teils von H. Kohn[1]), teils von Hyde,
Forsythe und Cady[2]) herrühren. Die Erstgenannte ermittelte als

---

[1]) H. Kohn, Ann. d. Phys., 53, 320, 1917.
[2]) Hyde, Forsythe und Cady, Phys. Rev. (2) 13, 45, 1919.

Lichtabgabé bei $T = 2000^0$ den Wert 12,24 HK$_\ominus$/cm^2 ($c_2 = 1,44$), während die amerikanischen Angaben, auf deutsche Einheiten umgerechnet, bei der gleichen Temperatur den Wert 12,3 HK$_\ominus$/cm^2 ($c_2 = 1,435$) ergeben. Rechnet man diese Zahlen auf $c_2 = 1,43$ um, so erhält man nach H. Kohn 11,5, nach Hyde, Forsythe und Cady 11,7 HK$_\ominus$/cm^2. Für die Umrechnung der hier mitgeteilten relativen Zahlen in absolute Werte wurde der Mittelwert 11,6 HK$_\ominus$/cm^2 benutzt.

Die sich danach ergebenden Absolutwerte der Lichtabgabe des schwarzen Körpers sind in den drei letzten Spalten der Tabelle 13 mit verzeichnet. Von ihnen gibt die erste die Normalintensitäten für

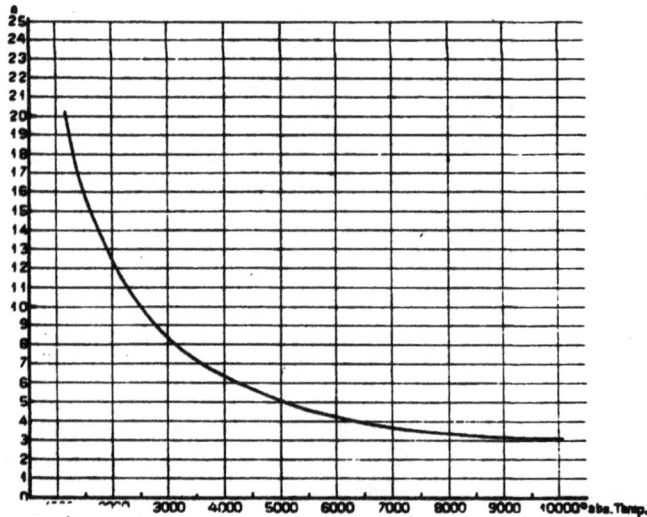

Abb. 14. Abhängigkeit der Flächenhelle von der Temperatur, gekennzeichnet durch den Potenzexponenten n des Verhältnisses der Temperaturen.

die Flächeneinheit (mm^2), die durch 100 dividierten Flächenhellen also, wieder, während die zweite die diesen entsprechenden sphärischen Lichtstärken in HK$_\ominus$ und die dritte die zugehörigen Lichtströme in HLm enthält.

Es liegt nahe, die Frage zu stellen, wie die Flächenhelligkeit h des schwarzen Körpers mit seiner Temperatur anwächst. Ihr entspricht die Aufgabe, den Potenzexponenten n der in der Literatur oft benutzten Gleichung

$$\frac{h_1}{h_2} = \left(\frac{T_1}{T_2}\right)^n$$

zu ermitteln. Die Lösung ist in Abb. 14 enthalten, die das schnelle Fallen des Exponenten von $n = 15,9$ bei 1500^0 über $n = 12,4$ bei 2000^0, $n = 8,4$ bei 3000^0 und $n = 6,4$ bei 4000^0 bis zu $n = 3,05$ bei 10000^0 veranschaulicht.

Die gleiche Frage wird in anderer Form durch die Abb. 15 beantwortet, in der angegeben ist, um wieviel Prozent pro Grad die Helligkeit des schwarzen Körpers bei verschiedenen Temperaturen ansteigt.

Die Wirtschaftlichkeit des schwarzen Körpers. In ähnlicher Weise,
wie sich den für die verschiedenen Temperaturen ermittelten »Lichtflächen« experimentell gewonnene Werte der Lichtstärke zuordnen
lassen, können die für die Gesamtstrahlung bzw. die sichtbare Strahlung gezeichneten »Energieflächen« hinsichtlich der von der Flächeneinheit des schwarzen Körpers ausgehenden Strahlungsenergie in Watt
bewertet werden, indem man die in Frage kommenden Bezugszahlen

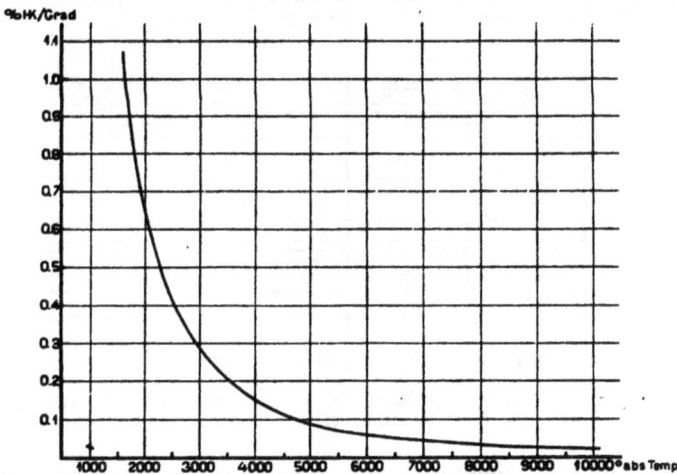

Abb. 15. Prozentische Änderung der Lichtstärke des schwarzen Körpers für ein Grad
in Abhängigkeit von seiner absoluten Temperatur.

für eine oder mehrere Temperaturen durch Berechnung nach dem
Stefan-Boltzmannschen Gesetz bzw. durch Integration des Wien-
Planckschen Gesetzes für den in Frage kommenden Wellenlängen-
bereich ermittelt. Die sich ergebenden Werte sind für eine Reihe von
Temperaturen in der Tabelle 14 (S. 61) zusammengestellt.

Setzt man die dort für die Gesamtstrahlung aller Wellenlängen
angegebenen Energiewerte in Beziehung zu den zugehörigen Werten
der in HK_Θ gemessenen Lichtabgabe, so erhält man die Abb. 16, die
die Wirtschaftlichkeit des schwarzen Körpers in W/HK_Θ für
die verschiedenen Temperaturen wiedergibt. Sie enthält das bemerkenswerte Ergebnis, daß der schwarze Körper entsprechend Abb. 13
bei 6500^0 abs. die ihm zugeführte Energie am günstigsten in Licht
umsetzt, und daß er dabei 7,2 HK_Θ/W entsprechend 90,3 HLm für
ein Watt ausstrahlt.

Überlegt man, daß dabei die ganze auf das unsichtbare Gebiet
entfallende Strahlungsenergie vom Standpunkte der Lichterzeugung

aus nutzlos verloren geht, so kann man den schwarzen Körper, ohne das von ihm ausgesandte Licht der Menge oder der Beschaffenheit nach zu ändern, durch einen Strahler ersetzen, der im Gebiete der sicht-

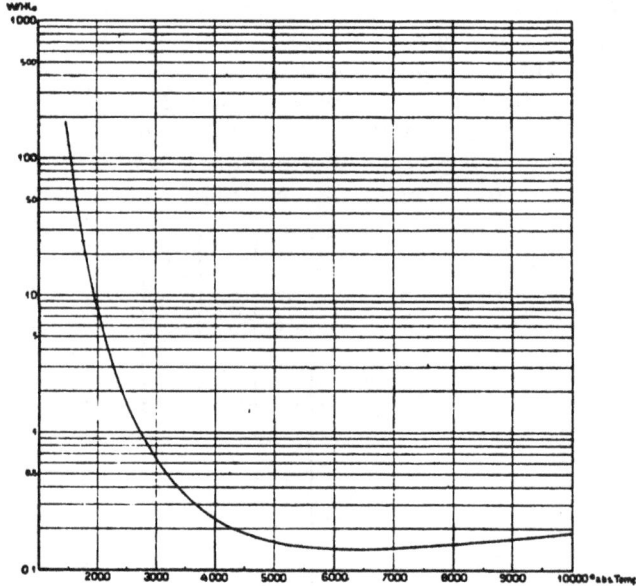

Abb. 16. Für eine sphärische Hefnerkerze vom schwarzen Körper ausgesandte Gesamtstrahlung in Watt in Abhängigkeit von der absoluten Temperatur.

baren Strahlung die gleiche Energieverteilung wie der schwarze Körper hat, darüber hinaus aber keine Energiestrahlung aufweist. Dieser

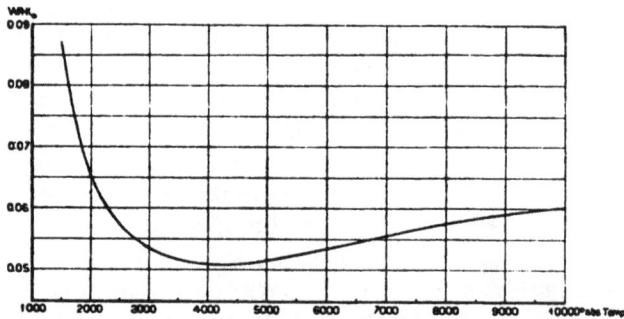

Abb. 17. Für eine sphärische Hefnerkerze vom schwarzen Körper im sichtbaren Gebiet (0,4—0,7 μ) ausgestrahlte Energie in Watt in Abhängigkeit von der absoluten Temperatur.

Strahler muß im umgekehrten Verhältnis zum optischen Nutzeffekt der Gesamtstrahlung (Abb. 11) günstiger arbeiten und erreicht Werte der Wirtschaftlichkeit, die sich durch Kombination der Abb. 11 und 16 ergeben. Die ihn betreffenden Zahlen in W/HK sind in der Abb. 17

für die verschiedenen Temperaturen wiedergegeben. Ferner ist in der Tabelle 15 (S. 62) gezeigt, welche Lichtausbeuten in $HK_\ominus$/W bzw. HLm/W diesem Strahler bei einer Reihe herausgegriffener Temperaturen entsprechen. Die den schwarzen Körper betreffenden Zahlen sind zum Vergleich mit verzeichnet.

Wir erkennen, daß ein Strahler der fraglichen Art schon bei den jetzt in den elektrischen Glühlampen gebräuchlichen Temperaturen Werte der Wirtschaftlichkeit erreicht (0,0656 W/$HK_\ominus$ bei 2000^0), die in unseren am günstigsten und bei erheblich höheren Temperaturen arbeitenden künstlichen Lichtquellen bisher bei weitem nicht verwirklicht sind, und daß er bei rd. 4250^0 mit 0,0507 W/$HK_\ominus$ die ihm zugeführte Energie am günstigsten in Licht umsetzt.

Im Lichte dieser Auffassung kennzeichnen die Abb. 17 und die Tabelle 15 die beiden wichtigen Ziele der Beleuchtungstechnik, durch Steigerung der Temperatur des Strahlers die Wirtschaftlichkeit zu erhöhen und durch Unterdrückung der unsichtbaren, vom Standpunkte der Lichterzeugung nutzlos Energie verzehrenden Strahlung das gleiche Ergebnis anzustreben. Sie lassen gleichzeitig erkennen, daß da die günstigste Lösung liegt, wo mit einem der Temperatur der Sonne nahe kommenden Erhitzungszustande deren relative Energieverteilung, d. h. Lichtfarbe, erreicht wird.

Abgesehen von diesen mehr spekulativen Gesichtspunkten aber beantwortet die Abb. 17 die Frage, wieviel Watt der schwarze Körper tatsächlich bei den verschiedenen Temperaturen im sichtbaren Gebiet ausstrahlt, wenn er den 1 $HK_\ominus$ entsprechenden Lichtstrom abgibt. Diese Aussage bleibt nicht auf den schwarzen Körper beschränkt, sondern läßt eine Ausdehnung auf andere Strahler zu, sofern deren Energieverteilung im sichtbaren Gebiet durch eine bestimmte Temperatur des schwarzen Körpers genau oder angenähert wiedergegeben werden kann. In diesem Falle ist es möglich, für die in Frage kommende andersartige Lichtquelle den für die Kerze erforderlichen Energieaufwand an sichtbarer Strahlung aus der Abb. 17 zu entnehmen und das gesamte von der Lichtquelle ausgehende Licht durch Multiplikation mit dem gefundenen Energieäquivalent in Watt umzurechnen.

Optischer und visueller Nutzeffekt bei künstlichen Lichtquellen. Mit dieser Erkenntnis ist für einen beliebigen Strahler unter der vorher angegebenen Einschränkung die Aufgabe lösbar geworden, den in ihm erreichten optischen Nutzeffekt rechnerisch zu ermitteln, indem man die in Watt umgerechneten sphärischen Kerzen je nachdem zur zugeführten Leistung bzw. zur Gesamtstrahlung in Beziehung setzt und dadurch den auf die zugeführte Leistung oder die Gesamtstrahlung bezogenen optischen Nutzeffekt gewinnt. Dabei ist als Temperatur des Strahlers für die Ablesung des Energieäquivalentes in Abb. 17 die

Temperatur zu wählen, die am besten die relative Energieverteilung der sichtbaren Strahlung kennzeichnet.

Für diese Kennzeichnung ist in erster Linie die wahre — nicht die schwarze — Temperatur maßgebend, da durch sie unter der Voraussetzung eines im ganzen sichtbaren Wellenlängengebiet konstanten, im übrigen der Größe nach beliebigen Absorptionsvermögens die Verteilung der Energie auf die einzelnen Wellenlängen gegeben ist. Ist das Absorptionsvermögen mit der Wellenlänge veränderlich, so tritt eine Verzerrung der ursprünglichen Energieverteilungskurve ein. Sie wird bei geringer Veränderlichkeit des Absorptionsvermögens mit der Wellenlänge vernachlässigt werden können, weil sich die Kurve der Abb. 17 überhaupt mit der Temperatur nicht so schnell ändert, daß für den in Frage kommenden Zweck störende Unterschiede zu erwarten sind, und wird nur bei starker Veränderlichkeit des Absorptionsvermögens mit der Wellenlänge, bei stark selektiver Strahlung also, eine Berücksichtigung erfordern, d. h. eine Änderung der zugrunde gelegten Temperatur notwendig machen.

Nach den angegebenen Überlegungen und unter Benutzung der in der Literatur enthaltenen Zahlen über den Energieverbrauch, die Lichtabgabe und die Temperatur verschiedener künstlicher Lichtquellen wurden für sie die optischen Nutzeffekte der zugeführten Leistung bzw. der Gesamtstrahlung berechnet. Sie sind in der Tabelle 16 (S. 63) verzeichnet. Es bereitet keine Schwierigkeiten, aus diesen Zahlen die zugehörigen visuellen Nutzeffekte zu berechnen, da sie sich ohne weiteres durch Multiplikation mit den zugehörigen Werten der Abb. 12 (S. 36) ergeben. Die auf diese Weise erhaltenen Zahlen sind in der Tabelle 16 mit vermerkt; gleichzeitig sind darin einige von anderen Forschern experimentell ermittelte Werte des optischen wie des visuellen Nutzeffekts zum Vergleich mit wiedergegeben.

Das mechanische Äquivalent des Lichtes. Aus der Abb. 17 ist das Energieäquivalent einer sphärischen Kerze für solche Energieverteilungen, d. h. Lichtfarben, zu entnehmen, die der Energieverteilung der sichtbaren Strahlung des schwarzen Körpers zwischen den Grenzen 2000 und 10000° abs. entsprechen. Dagegen fehlen nähere Angaben über das Energieäquivalent anderer, insbesondere monochromatischer Strahler. Für sie seien die zugehörigen Zahlen ermittelt und damit die Frage der Energieäquivalenz des Lichtes vollständig gelöst, da danach auch das Energieäquivalent jeder beliebigen Lichtstrahlung angebbar wird.

Zur Berechnung dieser Werte gehen wir von dem Energieäquivalent für diejenige Wellenlänge aus, bei der das menschliche Auge die maximale Empfindlichkeit besitzt. Sein Wert kann aus der Abb. 17 leicht errechnet werden, wenn wir berücksichtigen, daß wir im visuellen Nutzeffekt der sichtbaren Strahlung eine Angabe darüber besitzen, um wieviel ungünstiger die Umsetzung der sichtbaren Strahlungsenergie in Licht bei den verschiedenen Temperaturen des schwarzen Körpers erfolgt, als wenn die gleiche Energie beim Empfindlichkeitsmaximum des Auges in Licht verwandelt würde. Wir brauchen daher die Werte der Abb. 17 nur mit den Zahlen der Abb. 12 zu multiplizieren, um das Energieäquivalent für eine bei der Wellenlänge 0,55 μ erzeugte sphärische Kerze zu erhalten. Naturgemäß muß sich dafür bei allen Temperaturen derselbe Wert ergeben; er beträgt 0,0202 W/HK$_\ominus$.

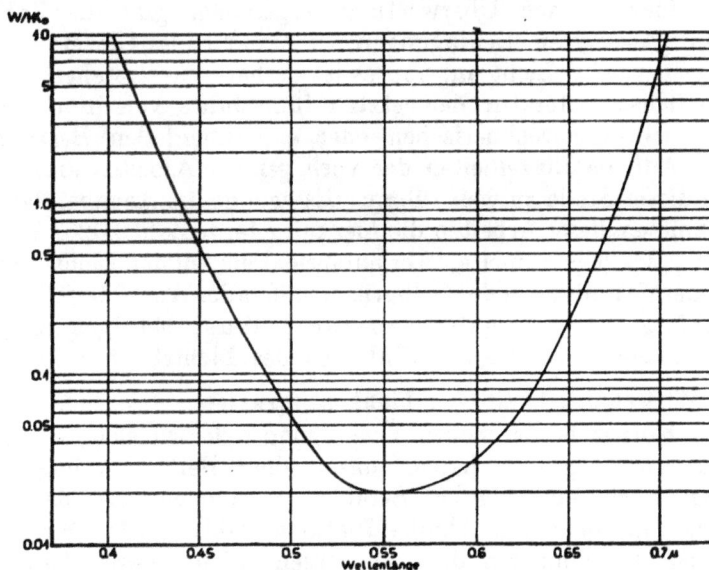

Abb. 18. Für eine sphärische Hefnerkerze aufzuwendende Energie in Watt für monochromatische Strahler.

Den Übergang von dem für die Wellenlänge 0,55 μ berechneten Werte zu den entsprechenden Zahlen für andere Wellenlängen vermittelt die Empfindlichkeitskurve des menschlichen Auges (Abb. 7). Mit ihrer Hilfe ergibt sich die Abb. 18; sie enthält die Werte des Energieäquivalents für alle monochromatischen Strahler des sichtbaren Gebietes und kann gleichzeitig dazu dienen, durch entsprechende Umrechnungen auch das Äquivalent für solche Verteilungen der Energie zu ermitteln, denen weder die Abb. 17 noch die Abb. 18 gerecht wird.

Unter den mitgeteilten Werten nimmt die für den monochromatischen Grünstrahler von der Wellenlänge 0,55 μ geltende Zahl 0,0202 W/HK$_\ominus$ insofern eine besondere Stellung ein, als sie vor allem in der älteren Literatur als das mechanische Äquivalent des Lichtes schlechthin bezeichnet wird. Diese besondere Bezeichnung ist indessen durch nichts gerechtfertigt, da mit der Wertung der Zahl

als Grenzwert. ihrer Bedeutung durchaus entsprochen ist, und da sie
im übrigen mit den anderen Werten in eine Reihe zu stellen ist, die
in den Abb. 17 u. 18 enthalten sind. Für die praktische Beleuchtungstechnik jedenfalls ist eine monochromatische Grünlichtquelle im allgemeinen ebenso ungeeignet, wie jeder andere monochromatische Strahler, und es wird an dieser Tatsache dadurch nichts geändert, daß das
menschliche Auge bei der fraglichen Wellenlänge den Höchstwert der
Empfindlichkeit besitzt, die dabei ausgestrahlte Energie daher in günstigster Weise in Licht umgesetzt wird.

Von einer solchen Überwertung abgesehen, gibt die Zahl die
unter den günstigsten Bedingungen zu erwartende Umsetzung von
Strahlungsenergie in Licht an, und es ist deshalb zu verstehen, daß die
wissenschaftliche Literatur der letzten fünf Jahre von immer neuen
Versuchen zu ihrer rechnerischen oder experimentellen Bestimmung
berichtet. Auf die Einzelheiten der vorliegenden Arbeiten einzugehen,
würde an dieser Stelle zu weit führen. Es genüge die Angabe, daß nach
den Ergebnissen dieser Arbeiten die hier mitgeteilte Zahl 0,0202 W/HK$_\ominus$
auf etwa 5 % festliegen dürfte. Ihr entspricht als auf den Lichtstrom be-
zogenes Energieäquivalent des Gelbgrünstrahlers der Wert 0,0016 W/HLm.
Die zugehörigen Lichtausbeuten für 1 Watt betragen in Lichtstärkeneinheiten 49,6 HK$_\ominus$, in Einheiten des Lichtstromes 624 HLm.

Die Wirtschaftlichkeit des blanken Strahlers. Die hier für den
schwarzen Körper besprochenen Überlegungen lassen sich, wie Lummer und Kohn gezeigt haben, unter einer Reihe vereinfachender
Annahmen auch auf blanke Strahler ausdehnen, als deren Repräsentant von ihnen das blanke Platin gewählt wurde. Sie stellten
es bei ihren Berechnungen dem schwarzen Körper gegenüber, wobei
sie als Grenze der sichtbaren Strahlung die Wellenlängen 0,4 und
0,8 μ festsetzten.

Für den optischen Nutzeffekt der Gesamtstrahlung fanden sie,
daß das Maximum in beiden Fällen etwa denselben Wert hat, daß es
dagegen beim blanken Strahler bei einer im Vergleich zum schwarzen
Körper um rd. 850° tiefer liegenden Temperatur (5900° abs.) eintritt.
Dasselbe stellten sie für den visuellen Nutzeffekt der Gesamtstrahlung
fest und zeigten noch, daß sich der blanke Strahler bei den unterhalb
des Maximums liegenden Temperaturen für beide Größen günstiger
als der schwarze Körper verhält. Von der Mitteilung der berechneten
Verhältniszahlen sei an dieser Stelle abgesehen, da sie wegen der anders-
artig gewählten Grenzen der sichtbaren Strahlung mit den vorher für
den schwarzen Körper angegebenen Werten nicht vergleichbar sind.
Dasselbe gilt übrigens für die Temperaturen, die für die Maxima beider
Größen bestimmt wurden, da ihr Wert von der getroffenen Festsetzung
der Wellenlängengrenzen abhängt.

Dagegen seien die Absolutwerte der nach Lummer und Kohn vom schwarzen Körper bzw. vom metallischen Strahler — in diesem Falle einem Wolframfaden — erreichbaren Lichtausbeuten wiedergegeben. Sie betragen für den schwarzen Körper (6750° abs.) 9,9 HK$_\ominus$/W, für den metallischen Strahler (5900°) 8,0 HK$_\ominus$/W. Beim metallischen Strahler sind dabei die im Vergleich zum Kohlefaden, der hier als Repräsentant des schwarzen Körpers diente, ungünstigeren Umsetzungsverhältnisse der zugeführten Leistung in Strahlung mit berücksichtigt.

Die Ziele der Leuchttechnik. Die Ziele der Leuchttechnik ergeben sich ohne weiteres aus den mitgeteilten Überlegungen. Das erste Ziel muß sein, die zugeführte Leistung möglichst vollkommen in Strahlung umzusetzen, als zweites kommt in Frage, möglichst wenig Strahlungsenergie auf das Gebiet der unsichtbaren Wellenlängen entfallen zu lassen.

Was die Verteilung der Energie im sichtbaren Gebiet betrifft, so wird es im allgemeinen wenig Zweck haben, auf einen monochromatischen Gelbgrünstrahler hinzuarbeiten, da er nicht den Anforderungen entspricht, die wir hinsichtlich der Lichtfarbe an eine für Zwecke der Allgemeinbeleuchtung geeignete künstliche Lichtquelle stellen müssen. In dieser Beziehung sind, soweit es sich um die sichtbare Strahlung handelt, sämtliche Energieverteilungen vorzuziehen, die dem schwarzen Körper beliebiger Temperatur entsprechen und für die sich die Grenzen der Lichtausbeute aus der Abb. 16 ergeben. Als günstigster Grenzwert bei 4250° ergibt sich daraus eine Lichtausbeute von 19,7 HK$_\ominus$/W, womit das vorläufig unverwirklichte Ideal einer in der Energieausnutzung denkbar günstigsten, in der Lichtfarbe etwa dem Tageslicht entsprechenden künstlichen Lichtquelle gekennzeichnet ist.

§ 4. Die Lichtfarbe.

Lichtfarbe und Energieverteilung. Die Lichtfarbe einer Lichtquelle ist, wie wir im vorhergehenden wiederholt zeigten, durch die Verteilung der Strahlungsenergie im Gebiet der sichtbaren Strahlung bedingt und wird je nach dem Gehalt an roten bzw. blauen Strahlen eine mehr rote bzw. blaue Tönung aufweisen.

Bei den Temperaturstrahlern nimmt, wie Abb. 9 erkennen läßt, der relative Gehalt an blauen Strahlen mit der Temperatur zu, so daß der bei niedrigen Temperaturen ausgesprochen rötlich strahlende schwarze Körper mit steigender Temperatur eine immer blauere Lichtfarbe annimmt, bis er bei rd. 6000° abs. mit der Temperatur der Sonne deren relative Energieverteilung, d. h. Lichtfarbe, erreicht. Bei noch höheren Temperaturen ist mit Lichtfarben zu rechnen, die blauer sind, als wir sie vom Tageslicht her kennen.

Bei den Lumineszenzstrahlern sind im voraus keine Aussagen über die Lichtfarbe zu machen, da sie eine ganz diskontinuierliche, auf die verschiedensten Spektralbezirke verteilte Energiestrahlung zu besitzen pflegen.

Ein Bild von den in einer Reihe künstlicher Lichtquellen vorliegenden Verhältnissen gibt die Tabelle 17 (S. 64), die nach Untersuchungen von Hyde, Ives, Cady und Luckiesh zusammengestellt ist. Sie gibt die relativen Energieverteilungen für die Hefnerlampe und die gebräuchlichsten künstlichen Lichtquellen wieder; die Zahlen für das Sonnenlicht und für blaues Himmelslicht sind zum Vergleich mitangegeben. In sämtlichen Kurven ist der Wert bei $0,59 \mu$ gleich 100 gesetzt, um so angenähert die relativen Energieverteilungen bei etwa gleicher Lichtempfindung zu kennzeichnen.

Die Farben der einzelnen Spektralbezirke. Versucht man, die einzelnen Wellenlängenbereiche der sichtbaren Strahlung ganz roh nach ihrer Färbung zu kennzeichnen, so kann man etwa die Festsetzungen treffen, die in der Abb. 19 niedergelegt sind. Danach wären die Wellenlängen bis rd. $0,605 \mu$ einschließlich als rot anzusprechen, während die gelbe Strahlung bis etwa $0,585 \mu$ reichen würde. Es folgt das Gebiet der grünen Wellenlängen, das sich bis $0,505 \mu$ erstreckt und dem ein blaugrüner Bereich bis $0,485 \mu$ benachbart ist. Der darauf folgende Bezirk bis $0,43 \mu$ erscheint blau, das noch kurzwelligere Licht ist als violett zu bezeichnen.

Unterteilt man das ganze Gebiet unter gleichzeitiger Berücksichtigung der S. 35 über die Grenzen der sichtbaren Strahlung angestellten Überlegungen noch gröber, so kann man für Rot die Grenzen 0,7 bis $0,605 \mu$, für Gelb die Wellenlängen 0,605 bis $0,585 \mu$, für Grün die Werte 0,585 bis $0,5 \mu$ und für Blau den Bereich 0,5 bis $0,4 \mu$ festsetzen. Legt man diese Einteilung zugrunde, so lassen sich die weiter oben für den schwarzen Körper ermittelten »Lichtflächen« hinsichtlich ihres Anteils an den verschiedenen Farbbereichen auswerten und damit eine angenäherte Anschauung über den von der ganzen Lichtstrahlung auf die einzelnen Farben entfallenden Teil gewinnen. Das Ergebnis der Rechnung zeigt

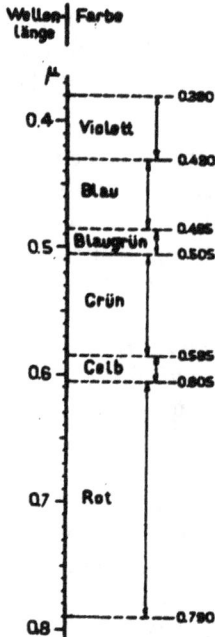

Abb. 19.
Die Wellenlängen des sichtbaren Gebiets und die zugehörigen Farben.

Abb. 20, aus der deutlich der bei niedrigen Temperaturen über-
wiegende Prozentsatz an rotem Licht und der überall recht geringe
Anteil an blauen Strahlen zu erkennen ist.

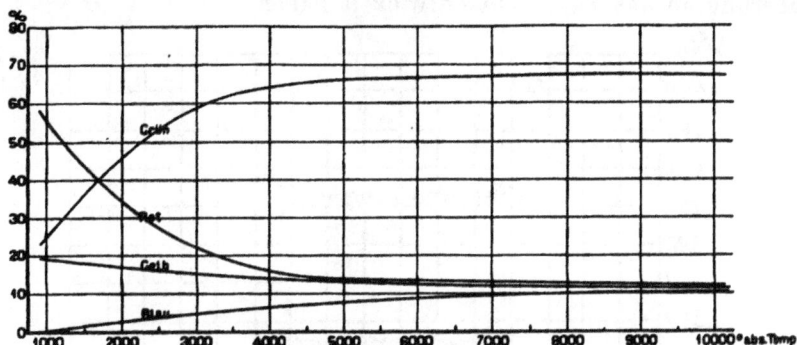

Abb. 20. Relativer Anteil des roten, gelben, grünen und blauen Lichtes am
Gesamtlicht in Abhängigkeit von der absoluten Temperatur.

Die praktische Kennzeichnung der Lichtfarbe. Um die Lichtfarben
der verschiedenen Lichtquellen praktisch zu kennzeichnen, kann man
so verfahren, daß man das ganze sichtbare Spektralgebiet in eine
größere Anzahl von Unterbereichen einteilt und für jeden dieser Bereiche den darauf entfallenden Lichtanteil mißt. Man kann aber dieses
Verfahren auch vereinfachen, indem man nach dem Vorgange von
L. Weber und anderen zur Ausgrenzung der Bereiche Farbgläser
benutzt, und indem man die Anzahl dieser Farbgläser auf drei, die
Farben Rot, Grün und Blau nämlich, beschränkt.

Bringt man solche geeignet ausgewählte und beispielsweise von
L. Bloch für genauere Untersuchungen an den meisten künstlichen
Lichtquellen benutzte Farbgläser an dem Photometer an, mit dem
man die Lichtstärke der Lichtquellen normalerweise mißt, so kann
man die Lichtwerte in jedem der drei durch die Farbgläser definierten
Bereiche messen. Setzt man dann die für Tageslicht gewonnenen
Werte für jeden Bereich gleich 100, so kann man die bei den anderen
Lichtquellen erhaltenen Zahlen auf dieses beziehen und daraus ersehen,
wodurch sich die untersuchten Lichtquellen in ihrer Lichtfarbe relativ
zum Tageslicht unterscheiden.

Die angedeutete Rechnung kann man noch vereinfachen, indem
man sowohl den Rot- wie den Blauwert auf den Grünwert bezieht und
die Lichtquelle so durch die Werte des Rot-Grün- bzw. des Blau-Grün-
Verhältnisses kennzeichnet. Führt man dafür eine Darstellung in
rechtwinkligen Koordinaten ein, so erhält man die Abb. 21, die nach
Bloch die Werte für die wichtigsten von ihm untersuchten Lichtquellen
wiedergibt. Aus der Darstellung geht hervor, daß bereits zwischen

dem Tageslicht bei klarem und bei bedecktem Himmel und dem Sonnenlicht Unterschiede vorhanden sind, und es ergibt sich gleichzeitig, daß sich die neueren Lichtquellen ständig nach der Seite einer Annäherung an das Tageslicht entwickelt haben.

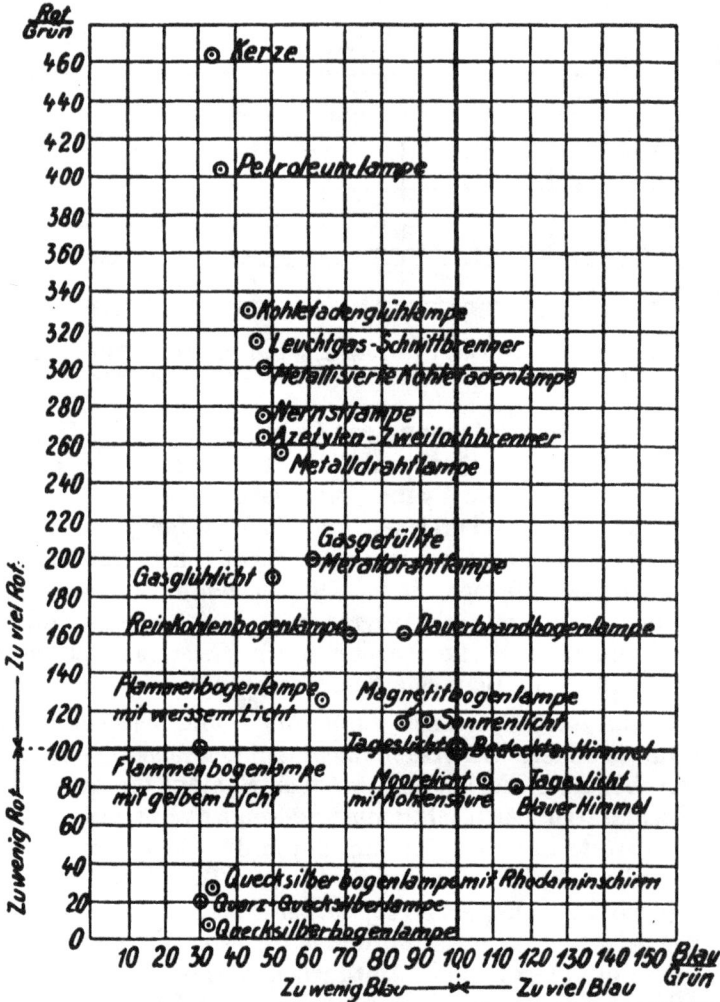

Abb. 21. Lichtfarben verschiedener Lichtquellen, bezogen auf das Tageslicht des bedeckten Himmels als Einheit, gekennzeichnet durch das Rot : Grün-Verhältnis in Abhängigkeit vom Blau : Grün-Verhältnis, nach L. Bloch.

Das künstliche Tageslicht. Durch unsere natürlichen Daseinsbedingungen hat die Färbung des Tageslichtes eine besondere Bedeutung, die sich in den Versuchen ausspricht, das Tageslicht auch auf künstlichem Wege zu erzeugen. Für eine solche Erzeugung kommen sowohl additive wie subtraktive Verfahren in Frage; additive, indem man mehrere verschiedenfarbige Lichtquellen zu einer neuen Lichtquelle von dem Tageslicht entsprechender Färbung zusammensetzt, subtraktive, indem man aus der Strahlung einer oder mehrerer gegebener künstlicher Lichtquellen durch geeignete Farbgläser so viel herausblendet, daß die übrigbleibende Strahlung in ihrer Energieverteilung dem Tageslicht entspricht. Beide Wege sind beschritten worden, wobei sich Lichtquellen mit einer teils größeren, teils geringeren Annäherung an das Tageslicht ergeben haben. Bei der Beurteilung dieser Lösungen spielt die Frage der Wirtschaftlichkeit der erzielten Tageslichtquelle eine wichtige Rolle, da es gerade beim subtraktiven Verfahren mit Rücksicht auf die verlangte Wirtschaftlichkeit oft nicht angängig war, bis an die theoretische Grenze der Annäherung an das Tageslicht zu gehen. Ganz allgemein genommen leuchtet aber ein, daß das subtraktive Verfahren um so aussichtsreicher wird, je höher die Glühtemperaturen der Ausgangslichtquelle sind.

Die praktischen Lösungen, welche die Aufgabe gefunden hat, sind teils von der Glühlampe, teils von der Gleichstrom-Bogenlampe, reinen Temperaturstrahlern also, ausgegangen und haben deren Strahlung durch geeignete Lichtfilter subtraktiv verändert. Ergänzend hat dabei auch das Mittel der additiven Beeinflussung durch einen gefärbten Reflektor Verwendung gefunden. Interessant ist, daß auch ein Lumineszenzstrahler, das Mooresche Glimmlicht mit Kohlensäurefüllung, eine Lösung dieser Aufgabe, und zwar die zurzeit vollkommenste, geliefert hat, da zufällig die über das ganze sichtbare Spektrum verteilten Emissionslinien der Kohlensäure eine dem Tageslicht ganz außerordentlich nahekommende Färbung ergeben.

Buchliteratur.

E. Liebenthal, Praktische Photometrie, Braunschweig 1907.

Uppenborn-Monasch, Lehrbuch der Photometrie, München u. Berlin 1912.

P. Högner, Lichtstrahlung und Beleuchtung, Braunschweig 1906.

L. Bloch, Grundzüge der Beleuchtungstechnik, Berlin 1907.

N. A. Halbertsma, Fabrikbeleuchtung, München und Berlin 1918.

O. Lummer, Grundlagen, Ziele und Grenzen der Leuchttechnik, München und Berlin 1918.

M. Planck, Theorie der Wärmestrahlung, Leipzig 1906.

G. K. Burgeß und H. Le Chatelier, Measurement of high temperatures, New York 1912.

F. Henning, Temperaturmessung, Braunschweig 1915.

M. Luckiesh, Color and its applications, New York 1915.

Tabelle 1. (Zu S. 5.)

Photometrische Zusammenhänge für eine Reihe einfacher leuchtender Flächen.

(Nach Uppenborn-Monasch, Lehrbuch der Photometrie, München und Berlin 1912, Seite 92/93.)

Gestalt der leuchtenden Fläche	Lichtstärke als Funktion des Strahlungswinkels α	Lichtstrom	Mittlere Lichtstärke		
			sphärische J_{ϑ}	untere hemisphärische J_{ϑ}	obere hemisphärische J_{ϑ}
Leuchtender Punkt	$J_{\alpha} = \text{const} = J_0$	$4\pi J_0$	J_0	J_0	J_0
Leuchtende Kreisscheibe mit nichtleuchtender Oberseite	$J_{\alpha} = J_0 \cos\alpha$	πJ_0	$\dfrac{J_0}{4}$	$\dfrac{J_0}{2}$	0
Leuchtende Kugel	$J_{\alpha} = \text{const} = J_0$	$4\pi J_0$	J_0	J_0	J_0

Leuchtende Halbkugel mit nichtleuchtender Deckfläche	$J_\alpha^- = \frac{J_0}{2}(1+\cos\alpha)$	$2\pi\,J_0$	$\frac{J_0}{2}$	$\frac{3}{4}J_0$	$\frac{J_0}{4}$
Leuchtend. Zylinder m. nichtleucht. Grund- und Deckfläche	$J_\alpha = J_{90}\cdot\sin\alpha$	$\pi^2\,J_{90}$	$\frac{\pi}{4}\cdot J_{90}$	$\frac{\pi}{4}\cdot J_{90}$	$\frac{\pi}{4}\cdot J_{90}$
Leuchtender Zylinder m. halbkugelförmig. Abschluß u. nichtleuchtender ebener Deckfläche	$J_\alpha = \frac{J_0}{2}(1+\cos\alpha)+J_{90}\cdot\sin\alpha$	$2\pi\,J_0+\pi^2\,J_{90}$	$\frac{J_0}{2}+\frac{\pi}{4}J_{90}$	$\frac{3}{4}J_0+\frac{\pi}{4}J_{90}$	$\frac{J_0}{4}+\frac{\pi}{4}J_{90}$

4*

Tabelle 2. (Zu S. 6.)

Horizontale und mittlere untere hemisphärische Lichtstärke für eine Reihe künstlicher Lichtquellen,

bezogen auf den gleich 100 gesetzten Wert der mittleren sphärischen Lichtstärke, nach Angaben von L. Bloch, J. f. G. u. W. 60, 519, 1917.

(Abgerundete Mittelwerte.)

Lampenart	J_{hor}	$J_{\circ}$	$\dfrac{\Phi_{\circ}}{\Phi_{\ominus}} \cdot 100$
Stearinkerze	105	100	50
Petroleumlampe	115	75	37,5
Petroleumglühlicht	135	80	40
Spiritusglühlicht	145	75	37,5
Gasschnittbrenner	160	95	47,5
Azetylen-Zweilochbrenner	155	90	45
Argandbrenner	140	90	45
Stehendes Gasglühlicht	135	90	45
Hängendes Gasglühlicht mit kleinem Brenner . . .	110	120	60
»　　　　　»　　　　mit großem Brenner . . .	125	130	65
Hängendes Preßgasglühlicht	140	150	75
Kohlefaden- und Metalldrahtlampe	125	105	52,5
Nernstlampe	140	120	60
Spiraldrahtlampe	115	110	55
Gasgefüllte Metalldrahtlampe, niedrigkerzig	95	105	52,5
»　　　　　　»　　　, hochkerzig	115	105	52,5
Reinkohlenbogenlampe mit Klarglasglocke, offen .	55	180	90
»　　　　　　»　　　　　», geschlossen	90	160	80
Bogenlampe mit übereinanderstehenden Effekt-kohlen und Klarglasglocke . . . . offen	75	190	95
dgl.　　　　　　　　geschlossen	80	190	95
Offene Bogenlampe mit nebeneinanderstehenden Effektkohlen und Klarglasglocke	100	190	95

Tabelle 3. (Zu S. 12.)

Flächenhelle einiger selbstleuchtender Körper.

Lichtquelle	Flächenhelligkeit in HK/cm²
Stearinkerze	0,66
Talgkerze	0,74
Petroleumlampe	0,62—1,5
Spiritusglühlicht	2,47
Gasschnittbrenner	0,53—1,25
Gasglühlicht, stehend	3,2 —5,7
» , hängend	6,4
Preßgas	5,0—8,5
Azetylen	6,0—9,0
Kohlefadenglühlampe 4 W/HKh	45—50
» 3,5 »	55—60
» 3,1 »	70—80
» 3,1 W/HK, mattiert	0,5—1,0
Metallisierte Kohlefadenglühlampe 2,2 W/HKh	90—100
Tantallampe	110—130
Nernstbrenner (nackt)	160—450
Wolframlampe 1,1 W/HKh	150
» 0,85 »	220
Gasfüllungslampe 0,5 W/HK⊖	800
Quecksilberlichtbogen in Glasrohr	2,5—3,0
Moores Vakuum-Röhrenlicht	0,04—0,25
Dauerbrandbogenlampe	10—70
Flammenbogen (nackt)	600—1 000
Reinkohlenlichtbogen (nackt)	1 800—8 000
Pos. Krater des Reinkohlenlichtbogens	18 000
Scheinb. Flächenhelle d. Goerz-Beck-Scheinwerferlampe .	120 000
Positiver Krater der Lummerschen Druckbogenlampe bei 7600° abs. Temp. und 22 Atm. Druck.	284 000
Sonne am Horizont.	400
Sonne im Zenit	100 000—150 000

Tabelle 4. (Zu S. 12.)

Streuvermögen verschiedener Stoffe.

(Nach N. A. Halbertsma, E. T. Z. 39, 207, 1918.)

Art des Stoffes	Dicke	Beobachter	Lichtstreu-vermögen
Milch- oder Opalglas	3 mm, mattiert	Uppenborn-Monasch	0,925
» » »	1,8 mm, 2×matt.	Voege	0,915
» » »	3 mm	»	0,900
Marmor	—	»	0,892
Opalglas	1,5 mm	Luckiesh	0,887
Opalüberfangglas	0,75 mm	»	0,870
»	0,16 mm	Chwolson	0,706
Opaleszentglas, mattiert	6 mm	Luckiesh	0,567
Klarglas, mattiert	1,8 mm	Uppenborn-Monasch	0,530
Opaleszentglas	6	»	0,284
Klarglas, zweiseitig mattiert	—	Luckiesh	0,190
Klarglas, mattiert	3 mm	Voege	0,154
» »	—	Luckiesh	0,097
Kathedralglas	—	Edwards	0,058

Tabelle 5. (Zu S. 16.)

Numerische Beziehungen zwischen verschiedenen Einheiten der Lichtstärke.

Angabe in	Hefner-kerze	Umrechnungsfaktor auf Standardkerze (intern. Kerze) bougie décimale, American candle, Pentane candle	Carcel
Hefnerkerze	1	0,9009	0,093
Standardkerze(intern.Kerze), bougie décimale, American candle, Pentane candle . .	1,11	1	0,1033
Carcel	10,75	9,685	1

Die fettgedruckten Zahlen sind die von der internationalen Lichtmeßkommission am 27. Juli 1911 angenommenen Bezugswerte.

Tabelle 6. (Zu S. 17.)

Numerische Beziehungen zwischen verschiedenen Einheiten der Beleuchtung.

Angabe in	Umrechnungsfaktor auf				
	Hefnerlux (HLm/m²)	Hefner-foot (HLm/Fuß²)	Candle-meter, bougie-mètre (intern. Lm/m²)	Candle-foot (intern. Lm/Fuß²)	Carcel-mètre (carcel-Lm/m²)
Hefnerlux . .	1	0,0929	0,9009	0,0837	0,093
Hefner-foot . .	10,764	1	9,694	0,9009	1,001
Candle-meter .	1,11	0,1031	1	0,0929	0,1033
Candle-foot . .	11,95	1,11	10,764	1	1,111
Carcel-mètre .	10,75	0,999	9,685	0,8997	1

Die Angaben in foot beziehen sich auf engl. bezw. amerik. Fuß, so daß 1 foot = 12 inch = 0,3048 m ist.

Tabelle 7. (Zu S. 18.)

Numerische Beziehungen zwischen verschiedenen Einheiten der Flächenhelle bezw. spezif. Lichtausstrahlung.

HK/cm²	Flächenhelle in				Spezifische Lichtausstrahlung in intern. Lumen pro		
	Intern. Kz. pro cm²	Zoll²[1])	Lambert =intern. Lm/cm²	Milli-lambert	HK/cm²	cm²(Lambert)	Zoll²[1])
1	0,9009	5,807	2,827	2827	3,14	2,827	18,26
1,11	1	6,452	3,14	3141	3,487	3,14	20,27
0,172	0,155	1	0,487	4869	0,541	0,487	3,14
0,353	0,318	2,054	1	1000	1,11	1	6,452
0,318	0,287	1,85	0,9009	900,9	1	0,9009	5,807
0,0546	0,0493	0,318	0,155	155	0,172	0,155	1

[1]) Die Angaben in Zoll beziehen sich auf engl. bezw. amerik. Zoll, so daß 1 Zoll = 2,54 cm, 1 Zoll² = 6,452 cm² ist.

Tabelle 8. (Zu S. 18.)

Numerische Beziehungen zwischen verschiedenen Einheiten der Lichtstärke und des Lichtstromes, sowie der Lichtausbeute und des spezifischen Effektverbrauches.

Gegebene Lichtausbeute (Lichtstärke, Lichtstrom)	Umrechnungsfaktoren der Lichtausbeute (Lichtstärke, Lichtstrom) auf						Umrechnungsfaktoren des spez. Effektverbrauches auf
	HK_h/W	$HK_\ominus/W$	K_h/W	$K_\ominus/W$	HLm/W	Lm/W	
HK_h/W	1	0,80	0,901	0,72	10,05	9,06	W/HK_h
$HK_\ominus/W$	1,25	1	1,126	0,901	12,57	11,32	$W/HK_\ominus$
K_h/W	1,11	0,888	1	0,80	11,16	10,05	W/K_h
$K_\ominus/W$	1,39	1,11	1,25	1	13,95	12,57	$W/K_\ominus$
HLm/W	0,0995	0,0796	0,0896	0,0717	1	0,901	W/HLm
Lm/W	0,1104	0,0883	0,0995	0,0796	1,11	1	W/Lm
Gegebener spezifischer Effektverbrauch							
	W/HK_h	$W/HK_\ominus$	W/K_h	$W/K_\ominus$	W/HLm	W/Lm	

Tabelle 9. (Zu S. 29.)

Zusammengehörige Konstanten der Wien-Planckschen und der Stefan-Boltzmannschen Strahlungsgleichung für verschiedene Temperaturskalen.

c_2	σ	c_1
1,42	$5,82 \cdot 10^{-12}$	$3,65 \cdot 10^{-12}$
1,43	$5,70 \cdot 10^{-12}$	$3,67 \cdot 10^{-12}$
1,44	$5,58 \cdot 10^{-12}$	$3,70 \cdot 10^{-12}$
1,45	$5,47 \cdot 10^{-12}$	$3,72 \cdot 10^{-12}$
1,46	$5,36 \cdot 10^{-12}$	$3,75 \cdot 10^{-12}$
1,47	$5,25 \cdot 10^{-12}$	$3,77 \cdot 10^{-12}$

Bei der Berechnung ist das elektrische Elementarquantum zu $4,77 \cdot 10^{-10}$ elektrostatischen Einheiten zugrunde gelegt worden. σ wurde aus der Gleichung $\sigma = 1,667 \cdot 10^{-11} \cdot \dfrac{1}{c_2^3}$, c_1 aus der Gleichung $c_1 = \dfrac{\sigma \cdot c_2^4}{6,494}$ berechnet.

Bei der Benutzung der angeführten Werte ergibt sich die von der Flächeneinheit des schwarzen Körpers ausgestrahlte Energie in Watt/cm²; im Wien-Planckschen Gesetz sind dabei die Wellenlängen in cm in die Rechnung einzusetzen.

Tabelle 10. (Zu S. 23.)

Relative Empfindlichkeit des menschlichen Auges gegen energiegleiche Reize verschiedener Farbe.

Wellen-länge in μ	Relative Empfindlichkeit nach					
	Bender[1]) beob.	Ives[2]) beob.	Ives und Kingsbury[3]) beob.	Nutting[4]) beob.	Hyde, Forsythe u. Cady[5]) beob.	Ives[6]) ber.
0,40	—	—	—	0,21	0,009	0,24
0,41	—	—	—	0,36	0,062	0,32
0,42	—	—	—	0,65	0,41	0,96
0,43	—	—	—	1,15	1,15	1,8
0,44	9,1	2,9	—	2,2	2,2	2,9
0,45	—	4,7	—	3,8	3,6	4,1
0,46	16,6	7,3	—	6,1	5,5	5,8
0,47	—	10,7	—	10,1	8,7	9,0
0,48	28,5	15,4	—	14,9	13,8	13,8
0,49	—	25,3	—	21,5	21,6	21,5
0,50	49,7	36,3	31,8	31,4	32,8	34,1
0,51	60,1	59,6	47,3	45,6	51,5	49,3
0,52	77,1	79,4	63,7	64,6	69,8	63,8
0,53	90,6	91,2	80,1	81,5	84,7	79,5
0,54	97,3	97,7	91,5	92,5	96,8	91,9
0,55	100,0	100,0	98,8	98,6	99,6	99,2
0,56	97,1	99,0	99,6	99,5	99,5	99,9
0,57	95,3	94,8	94,7	94,9	94,4	95,3
0,58	85,3	87,5	85,9	87,1	85,5	87,9
0,59	—	76,3	75,8	76,2	73,5	77,7
0,60	63,2	63,5	65,3	63,4	60,0	63,3
0,61	—	50,9	53,4	49,8	46,4	49,1
0,62	37,1	38,7	39,6	36,8	34,1	36,2
0,63	—	27,2	28,3	26,8	23,8	24,0
0,64	19,0	17,5	18,3	16,6	15,4	16,4
0,65	—	10,4	11,0	10,5	9,4	10,1
0,66	6,8	6,8	6,8	5,8	5,1	6,0
0,67	—	4,4	—	3,2	2,6	3,8
0,68	1,3	2,6	—	1,6	1,25	2,2
0,69	—	—	—	0,81	0,62	1,3
0,70	—	—	—	0,36	0,31	0,7
0,71	—	—	—	—	0,15	—
0,72	—	—	—	—	0,074	—
0,73	—	—	—	—	0,036	—
0,74	—	—	—	—	0,018	—
0,75	—	—	—	—	0,009	—
0,76	—	—	—	—	0,005	—

[1])—[6]) Siehe Seite 58.

Tabelle 11. (Zu S. 32.)

Zusammenhang zwischen schwarzer und wahrer Temperatur für Körper verschiedenen Reflexionsvermögens.

Gemessene schwarze Temp. (°abs.)	Zugehörige wahre Temperaturen (°abs.) für ein Reflexionsvermögen $R =$													
	0,20	0,30	0,40	0,45	0,50	0,55	0,60	0,65	0,70	0,75	0,80	0,85	0,90	0,95
1500	1523	1537	1554	1564	1574	1586	1600	1616	1634	1656	1685	1724	1779	1885
1600	1626	1643	1662	1673	1685	1698	1714	1732	1754	1779	1812	1856	1921	2045
1700	1730	1748	1770	1782	1796	1812	1830	1850	1874	1904	1941	1992	2068	2212
1800	1834	1854	1878	1893	1908	1926	1945	1969	1997	2030	2073	2131	2218	2383
1900	1937	1959	1988	2003	2021	2041	2063	2089	2121	2158	2207	2272	2372	2563
2000	2041	2067	2097	2115	2135	2157	2181	2209	2246	2288	2343	2417	2529	2749
2200	2255	2281	2318	2339	2364	2391	2422	2458	2501	2554	2622	2715	2858	3141
2400	2460	2497	2542	2567	2596	2629	2667	2710	2763	2828	2911	3026	3205	3565
2600	2670	2714	2767	2798	2832	2871	2916	2968	3031	3119	3211	3351	3572	4025
2800	2882	2933	2994	3031	3071	3117	3170	3232	3307	3400	3523	3691	3961	4526
3000	3094	3153	3224	3266	3313	3366	3428	3500	3588	3698	3842	4044	4368	5057
3500	3629	3710	3809	3867	3933	4008	4095	4199	4326	4485	4697	5001	5501	6617
4000	4168	4276	4407	4485	4573	4674	4793	4935	5110	5332	5631	6068	6804	8530
5000	5263	5434	5645	5771	5915	6083	6282	6522	6823	7213	7751	8561	9989	13631

Die Zahlenwerte der Tabelle wurden unter Benutzung der aus dem Planckschen Gesetz abgeleiteten Gleichung

$$T_w = \frac{c_2}{\lambda} \cdot \frac{1}{\ln\left[1 + A\lambda \left(e^{\frac{c_2}{\lambda T_s}} - 1\right)\right]}$$

berechnet, in der T_s die schwarze, T_w die wahre Temperatur in absoluter Zählung und $A\lambda = (1 - R_\lambda)$ das Absorptionsvermögen des in Frage kommenden Strahlers bedeuten. Für Temperaturen unter 3000° kam die aus dem Wienschen Gesetz folgende, einfachere Formel

$$\ln A\lambda = \frac{c_2}{\lambda}\left(\frac{1}{T_w} - \frac{1}{T_s}\right)$$

in Anwendung. Die Größen c_2 und λ wurden zu $c_2 = 1,43$ bzw. $\lambda = 0,65\ \mu$ angenommen.

Anmerkungen zu S. 545:

[1]) H. Bender, Ann. d. Phys. (4.) 45, 114, 1914.
[2]) H. Ives, Phys. Rev. 35, 401, 1912.
[3]) H. Ives, Phil. Mag. (6) 24, 149, 1912 u. Phys. Rev. 6, 329, 1915.
[4]) Nutting, Trans. Illum. Eng. Soc. 9, 633, 1914 u. 13, 108, 1918.
[5]) Hyde, Forsythe u. Cady, Astrophys. Journ. 48, 87, 1918.
[6]) H. Ives, Journ. of the Franklin-Inst. 188, 217, 1919.

Tabelle 12. (Zu S. 32.)

Reflexionsvermögen
verschiedener Stoffe im Gebiete der sichtbaren Strahlung.

Stoff	Reflexionsvermögen für die Wellenlänge						
	0,4 μ	0,45 μ	0,50 μ	0,55 μ	0,60 μ	0,65 μ	0,70 μ
Silber	0,840	0,905	0,913	0,927	0,926	0,935	0,946
Gold	0,28	0,331	0,470	0,740	0,844	0,889	0,923
Platin	0,490	0,547	0,584	0,611	0,642	0,665	0,690
Iridium	0,600	—	0,647	0,660	0,669	0,680	0,680
Wolfram	0,47	—	0,49	—	0,51	—	0,54
Tantal	—	—	0,38	—	0,45	.--	0,55
Molybdän	0,44	—	0,45	—	0,48	—	0,50
Eisen	0,50	—	0,55	—	0,58	—	0,59
Kupfer	—	—	0,53	—	0,83	—	0,91
Nickel	0,53	—	0,61	—	0,65	—	0,69
Graphit (blank) . .	0,21	—	0,22	—	0,23	—	0,24
T-Kohle . . . . . (Gebr. Siemens&Co.)	—	—	—	—	—	0,25 — 0,40	—
Kupferoxyd	—	—	0,30	—	0,30	—	0,35
Eisenoxyd	—	—	—	—	—	0,10 — 0,35	—
Chromoxyd	—	—	< 0,10	—	< 0,10	—	< 0,10
Porzellan	—	—	—	—	—	0,50 — 0,75	—
Thoriumoxyd (rein)	—	—	—	—	—	0,86 — 0,93	—
Aluminiumoxyd . .	—	—	—	—	—	0,90	—
Zirkonoxyd	—	—	—	—	—	0,91 — 0,94	—
Magnesiumoxyd . .	—	—	—	—	—	0,91 — 0,94	—
Calciumoxyd . . .	—	—	—	—	—	0,60 — 0,90	—

Die mitgeteilten Zahlen gelten für das Reflexionsvermögen bei Zimmertemperatur. Bezüglich der Änderung der Größe mit der Temperatur sei auf die Spezialliteratur verwiesen (vgl. Henning, Temperaturmessung 1915, S. 193 usw.). Für Überschlagsrechnungen, insbesondere bei metallischen Strahlern, kann das Reflexionsvermögen als von der Temperatur unabhängig angesehen werden.

Anhang.

Tabelle 13. (Zu S. 37.)
Die Lichtabgabe des schwarzen Körpers bei verschiedenen Temperaturen.

Temp. abs.	Relative Helligkeiten	Lichtabgabe in		
		HK_{max}/mm^2	$HK_\ominus/mm^2$	HLm/mm^2
1500	0,0173	0,00804	0,00201	0,0253
1600	0,0470	0,0218	0,00545	0,0685
1700	0,112	0,0520	0,0130	0,163
1800	0,250	0,116	0,0290	0,365
1900	0,526	0,244	0,0610	0,767
2000	1,000	0,464	0,116	1,46
2100	1,73	0,804	0,201	2,53
2200	3,04	1,41	0,352	4,43
2300	5,03	2,33	0,584	7,34
2400	7,91	3,67	0,918	11,5
2500	11,8	5,48	1,37	17,2
2600	17,2	7,96	1,99	25,1
2700	24,3	11,3	2,82	35,4
2800	33,4	15,5	3,88	48,8
2900	45,3	21,0	5,25	66,0
3000	60,5	28,1	7,02	88,3
3500	210	97,2	24,3	306
4000	532	247	61,8	777
4500	1 083	503	125,8	1 582
5000	1 912	887	221,8	2 790
5500	3 048	1 416	354	4 450
6000	4 500	2 088	522	6 560
6500	6 290	2 920	730	9 170
7000	8 340	3 870	968	12 160
7500	10 710	4 960	1 241	15 630
8000	13 370	6 200	1 551	19 500
8500	16 330	7 580	1 896	23 850
9000	19 620	9 110	2 278	28 650
9500	23 200	10 770	2 693	33 900
10000	27 050	12 570	3 142	39 500

Tabelle 14. (Zu S. 39.)

Gesamtstrahlung und sichtbare Strahlung des schwarzen Körpers bei verschiedenen Temperaturen.

Temperatur ° abs.	Gesamtstrahlung in W/mm²	Auf das sichtbare Gebiet (0,4—0,7µ) entfallende Strahlung in W/mm²
1 500	0,289	0,000 174
1 600	0,374	0,000 444
1 700	0,475	0,000 983
1 800	0,598	0,002 08
1 900	0,743	0,004 17
2 000	0,912	0,007 61
2 100	1,108	0,012 7
2 200	1,335	0,021 7
2 300	1,595	0,035 0
2 400	1,891	0,053 7
2 500	2,226	0,078 5
2 600	2,60	0,112
2 700	3,03	0,156
2 800	3,50	0,212
2 900	4,03	0,285
3 000	4,62	0,377
3 500	8,55	1,25
4 000	14,59	3,15
4 500	23,37	6,40
5 000	35,63	11,40
6 000	73,9	27,9
7 000	136,9	53,9
8 000	233,5	89,3
9 000	374,0	134,2
10 000	570,0	189,2

Tabelle 15. (Zu S. 41.)

Lichtausbeuten
eines nur im sichtbaren Gebiet (0,4—0,7 μ)
Energie aussendenden Idealstrahlers von dem schwarzen Körper
entsprechender relativer Energieverteilung,
verglichen mit den beim schwarzen Körper erzielten Werten.

Temperatur	Lichtausbeute des Idealstrahlers in		Lichtausbeute des schwarzen Körpers in	
° abs.	HK$_\ominus$/W	HLm/W	HK$_\ominus$/W	HLm/W
1 500	11,6	146	0,006 95	0,087
1 600	12,3	155	0,014 6	0,183
1 700	13,2	166	0,027 4	0,344
1 800	13,9	175	0,048 6	0,611
1 900	14,6	184	0,082 3	1,03
2 000	15,2	191	0,127	1,60
2 100	15,8	199	0,181	2,28
2 200	16,3	205	0,264	3,32
2 300	16,7	210	0,366	4,60
2 400	17,1	215	0,485	6,10
2 500	17,5	220	0,616	7,75
2 600	17,8	224	0,765	9,62
2 700	18,0	227	0,931	11,7
2 800	18,2	229	1,11	13,9
2 900	18,4	231	1,30	16,4
3 000	18,6	234	1,52	19,1
3 500	19,4	243	2,84	35,7
4 000	19,6	246	4,23	53,2
4 500	19,7	248	5,39	67,7
5 000	19,4	244	6,22	78,2
6 000	18,7	235	7,06	88,8
7 000	18,0	226	7,07	88,9
8 000	17,4	219	6,65	83,6
9 000	16,9	212	6,09	76,6
10 000	16,6	209	5,51	69,3

Tabelle 16. (Zu S. 42.)

Optischer und visueller Nutzeffekt der zugeführten Leistung für verschiedene Lichtquellen.

Lampenart	Spezif. Verbrauch W/HK⊖	Lichtausbeute HK⊖/W	Abs. wahre Temperatur	Auf die zugeführte Leistung bezogener optischer Nutzeffekt %	visueller Nutzeffekt %	Gemessene visuelle Nutzeffekte[1]
Paraffin- bzw. Stearinkerze . . .	120	0,0083	1700°	0,063	0,017	—
Hefnerlampe[2] . . .	110	0,0091	1750°	0,067	0,018	—
Petroleumlampe . .	40	0,025	1850°	0,17	0,05	—
Petroleumglühlicht[3]	10	0,10	1850°	0,70	0,20	—
Spiritusglühlicht[3] .	20	0,05	1750°	0,37	0,10	—
Gasschnittbrenner .	60	0,017	1900°	0,12	0,034	—
Gasglühlicht[3] . . .	10	0.10	2000°	0,65	0,20	0,24—1,26 (K.)
Azetylenlicht	18	0,056	2400°	0,33	0,11	—
Azetylenglühlicht[3] .	5	0,20	2400°	1,2	0,40	—
Kohlefadenlampe 3,5 W/HKh	3,9	0,26	2135°	1,6	0,52	0,45 (K.); 0,38 (C.)
Tantallampe 1,6 W/HKh	2,0	0,50	2200°	3,1	1,0	—
Nernstlampe	2,4	0,42	2600°	2,3	0,84	1,08 (K.); 0,80 (C.)
Wolframvakuumlampe 1,1 W/HKh	1,35	0,74	2335°	5,3	1,8	1,65 (K.); 1,7 (C.)
Wolframgasfüllungslampe	0,6	1,67	2745°	9,2	3,4	2,93 (K.)
Quarzglas-Quecksilberbogenlampe .	0,32	3,1	—	—	—	6,8 (C.)[4]
Reinkohlenbogenlampe	1,6	0,63	4200°	3,2[4]	1,3[4]	2,2 (C.)[4]
Effektkohlenbogenlampe[3]	0,48	2,1	4200°	10,7[4]	4,2[4]	3,5 (C.)[4]

[1] Die mit (K.) bezeichneten Werte wurden von Karrer (Phys. Rev. 5, 189, 1915) ermittelt, während die mit (C.) gekennzeichneten Zahlen von Conrad (Ann. d. Phys. 54, 357, 1917) beobachtet wurden.

[2] Der Berechnung liegt die mir von Herrn Geh.-Rat E. Liebenthal (P.-T. R.) mitgeteilte Angabe zu Grunde, daß die Hefnerlampe in der Stunde 9,5 gr Amylazetat verbraucht.

[3] Der optische und der visuelle Nutzeffekt dieser Lampenarten wurden unter der nur annähernd zutreffenden Voraussetzung berechnet, daß ihre relative Energieverteilung im sichtbaren Gebiet der des schwarzen Körpers bei den vermerkten Temperaturen entspricht.

[4] In den mitgeteilten Zahlen kommt der in den Bogenlampen verkörperte physikalische Fortschritt der Bogenlampe gegenüber den anderen Lampenarten unvollkommen zum Ausdruck, weil dabei die praktisch unvermeidlichen Verluste im Vorschaltwiderstande usw. mit berücksichtigt wurden. Zum Vergleich sei erwähnt, daß Conrad (l. c.) den visuellen Nutzeffekt des Quecksilberbogens selber zu 19 %, des positiven Kraters der Reinkohlenbogenlampe zu 9 % und des Flammenbogens zwischen Effektkohlen zu 27 % ermittelte.

Tabelle 17. (Zu S. 46.)

Relative Energieverteilung
im Gebiet der sichtbaren Strahlung für verschiedene Lichtquellen
nach Hyde, Ives, Cady u. Luckiesh.

(Luckiesh, Color and its applications 1915, S. 21.)

Wellenlänge μ	Lichtquelle:								
	Schwarzer Körper bei 5000° abs. (Mittagssonne)	Zerstreutes Tageslicht (blauer Himmel)	Hefnerlampe	Kohlefadenglühlampe bei 2,8 W/HK_h	Azetylenlampe	Wolframdrahtlampe bei 1,13 W/HK_h	Gasgefüllte Wolframlampe bei 0,45 W/HK_h	Offener Gleichstromlichtbogen	Auerglühstrumpf
0,41	72	177	1,9	4	5,5	—	16,5	—	—
0,43	79	185	3,5	7	9,6	—	22,5	21,8	—
0,45	84,3	187	6	12	15	16,7	30	29	17,5
0,47	91	180	10,5	18	21,9	23,5	38	37	26,4
0,49	92,5	162	16,3	25,5	30,3	32,7	47	45,5	38,3
0,51	96	146	25,5	34,5	40	42,6	56,5	55	51
0,53	98	132	37,5	47	52	54,9	67	65,5	64
0,55	99	120	53,2	62	66,5	68,6	78	76	78
0,57	100	108	74,5	79	82	83,4	88	88	90
0,59	100	100	100	100	100	100	100	100	100
0,61	100	93	130	123	118	117	111	113,5	107
0,63	98,5	87	168	148	139	136	121,5	127	111
0,65	97,1	82	210	176	160	157	131	142	114
0,67	95,5	77	260	204	182	179	140	156	119
0,69	93,5	72,5	320	234	205	202	147,5	170	120

www.ingramcontent.com/pod-product-compliance
Lightning Source LLC
Chambersburg PA
CBHW081245190326
41458CB00016B/5929